乡村振兴人才培育系列教材

粮油作物生态高效轮作技术

● 郭宗平　杨红卫　雒家其　主编

U0306389

中国农业科学技术出版社

图书在版编目（CIP）数据

粮油作物生态高效轮作技术 / 郭宗平，杨红卫，雒家其主编. --北京：中国农业科学技术出版社，2024.5
    ISBN 978-7-5116-6793-9

    Ⅰ．①粮…　Ⅱ．①郭…　②杨…　③雒…　Ⅲ．①粮食作物－高产栽培②油料作物－高产栽培　Ⅳ．①S51②S565

中国国家版本馆CIP数据核字（2024）第 082826 号

责任编辑　张志花
责任校对　王　彦
责任印制　姜义伟　王思文

出 版 者　中国农业科学技术出版社
　　　　　北京市中关村南大街 12 号　　邮编：100081
电　　话　（010）82106636（编辑室）　（010）82106624（发行部）
　　　　　（010）82109709（读者服务部）
网　　址　https：// castp.caas.cn
经 销 者　各地新华书店
印 刷 者　北京地大彩印有限公司
开　　本　140 mm×203 mm　1/32
印　　张　5.75
字　　数　135 千字
版　　次　2024 年 5 月第 1 版　　2024 年 5 月第 1 次印刷
定　　价　26.00 元

《粮油作物生态高效轮作技术》

编委会

主　编　郭宗平　　杨红卫　　雒家其

副主编　高　庆　　连启超　　刘淑静　　唐康桐

　　　　　兰　莉　　张敬国

编　委　戴福琴　　何　芳　　刘翠华　　吴　璐

　　　　　陈　平　　张如意　　赵恃立　　牟子蛟

　　　　　梁　丹　　康志强　　王春玉　　李卓然

　　　　　王　凯　　黄雪娇　　杨兴柏　　郭基洋

前　言

轮作技术是现代农业生产中一种重要的耕作制度，它不仅能够充分利用土地资源、提高土地利用率，还能够改善土壤结构、增强土壤肥力、减少病虫害的发生、提高作物的产量和品质。在粮油作物生产中，轮作技术的应用更是具有广泛而深远的意义。通过科学合理的轮作，可以实现作物间的优势互补，提高农田生态系统的稳定性和抗性，为农业生产提供坚实的支撑。

本书共6章，分别为轮作概述、常见粮油作物的生长特性、粮-粮轮作技术、粮-油轮作技术、油-油轮作技术、粮油作物与其他农作物的轮作技术。本书通俗易懂、深入浅出、系统全面，力求通过简洁明了的语言，将复杂的农业知识转化为实用的操作技能，帮助读者更好地理解和应用粮油作物生态高效轮作技术，提高农业生产效益，促进农业可持续发展。

由于编者水平有限，书中难免有不足之处，恳请广大读者批评指正。

编　者
2024年2月

目 录

第一章

轮作概述

第一节　轮作与连作

一、轮作

（一）轮作的概念

轮作，又称为作物轮换种植，是指在同一块田地上，按照一定的顺序和时间间隔，轮换种植不同的农作物。例如，第一年种植番茄，第二年种植豆类，第三年种植胡萝卜（图1-1）。这种轮作方式有其独特的优点。首先，番茄作为茄果类蔬菜，对土壤养分的需求较高，要从土壤中吸收很多养分，特别是氮、磷、钾等元素。接着种植豆类作物，豆类作物可以通过根部的共生固氮菌固定空气中的氮气，从而增加土壤的氮素含量，有助于恢复土壤的肥力。最后种植胡萝卜，作为根茎类蔬菜，胡萝卜对土壤的结构和通透性要求较高，轮作中的豆类作物可以改善土壤结构，为胡萝卜的生长提供良好的土壤环境。

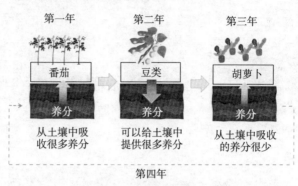

图1-1 轮作示意图

（二）轮作的类型

1. 水旱轮作

水旱轮作是指在同一块土地上，水稻和旱作作物按顺序轮换种植的方式。这种轮作方式在南方水稻产区尤为常见。水旱轮作能够充分利用水资源，改善土壤结构，减少病虫害的发生。水稻生长期间，土壤得到充分的湿润和养分补充；而旱作作物种植时，土壤得到适度的干燥，有利于土壤通气和微生物活动。此外，水旱轮作还能有效控制杂草生长，提高土地利用率。

2. 粮肥轮作、粮豆轮作

粮肥轮作是指在粮食作物和绿肥作物之间进行的轮换种植。绿肥作物能够固定空气中的氮素，为土壤提供养分，改善土壤结构。通过粮肥轮作，可以实现用地与养地的结合，提高土壤肥力，为下一季粮食作物的生长创造良好的条件。粮豆轮作则是在粮食作物与豆类作物之间进行轮换种植。豆类作物能够固定空气中的氮素，同时其根系分泌物有助于土壤微生物的活动，从而改善土壤环境。这种轮作方式既能提高土壤肥

力，又能增加作物多样性，降低病虫害的风险。

3.间作套种轮作

间作套种轮作是指在同一块土地上，按照一定的时间和空间顺序，将不同作物进行间作或套种，然后再进行轮换种植。这种轮作方式能够充分利用土地资源，提高光能利用率，增加作物产量。例如，在玉米地里间作大豆，大豆根系中的根瘤有固氮作用，可以为玉米提供氮肥，同时玉米的遮阴作用也能为大豆创造更好的生长环境。待玉米和大豆收获后，可以轮换种植其他作物，以实现土地的持续利用。

4.休闲轮作

休闲轮作是指在一定时期内，让土地得到充分的休息和恢复，以改善土壤结构和肥力。这种轮作方式通常用于那些土壤肥力下降、病虫害严重的地区。通过休闲轮作，可以降低土壤侵蚀，增加土壤有机质含量，为下一季的作物生长提供良好的土壤环境。

5.复种轮作

复种轮作是指在同一块土地上，一年内种植多种作物并进行轮换。这种轮作方式能够充分利用光、热、水资源，提高土地利用率和作物产量。例如，春季种植小麦，夏季种植玉米或大豆，秋季再种植一些短期作物，以实现土地的持续利用。

综上所述，轮作类型多样，各具特点。在实际应用中，应根据当地的气候条件、土壤特性、作物生长周期以及市场需求等因素，选择合适的轮作方式。

（三）适合轮作的农作物

轮作适合多种作物，具体取决于当地的气候条件、土壤特性以及市场需求。以下是一些常见的适合轮作的作物组合。

1. 粮食作物

如小麦、水稻、玉米等，这些作物在轮作中可以起到"养地"的作用，通过其根系活动和残茬分解，改善土壤结构，增加土壤有机质。

2. 豆类作物

大豆、绿豆、豌豆等豆类作物能够固定空气中的氮素，为下茬作物提供氮肥，有助于弥补土壤氮素的不足。

3. 蔬菜作物

如黄瓜、番茄、茄子、辣椒等蔬菜作物，可以根据市场需求和土壤条件进行轮作。蔬菜的轮作不仅可以提高土壤肥力，还能降低病虫害的发生。

4. 经济作物

如棉花、油菜、花生等，这些作物在轮作中既可以提高经济效益，又能改善土壤环境。

此外，还有一些作物具有特殊的轮作效益。例如，绿肥作物如苜蓿、草木樨等，可以通过其生长过程中积累的大量养分和有机质，改善土壤结构和肥力。同时，一些具有深根的作物，如甜菜、甘薯等，可以疏松土壤，有利于下茬作物的生长。

二、连作

（一）连作的概念

连作，又称连茬种植，是指在同一块田地上，连续多年种植相同或同一科的农作物。这种种植方式强调在同一块土地上对特定作物的持续种植，可能涉及数年甚至更长时间的连续种植。

（二）连作对农业生产的影响

当农作物在同一块土地上连续种植时，即进行连作，病虫草害可能会周而复始地、恶性循环式地感染为害作物，对农业生产造成严重影响。

首先，连作导致土壤中的病原微生物数量不断增加。这些微生物在作物残茬和土壤中积累，成为下一季作物的主要侵染源。随着连作年限的延长，病原微生物的数量和种类可能不断增加，导致病害越来越严重。

其次，连作使作物对特定病虫害的抗性降低。由于长期适应相同的病虫害环境，作物可能逐渐失去对某些病虫害的抗性，使这些病虫害更容易在作物中传播和扩散。

最后，连作还可能导致杂草问题加剧。一些杂草种子在土壤中长期存活，连作使这些杂草有更多的机会萌发和生长。杂草不仅与作物争夺养分和水分，还可能成为病虫害的传播媒介，进一步加剧病虫草害的问题。

为了克服连作带来的病虫草害问题，应实施合理的轮作制度，将不同种类的作物轮流种植，以打破病虫草害的循环。因此，在向生态农业转变过程中，轮作是首先要解决的问题，只有解决轮作问题，才能摆脱现代农业严重依赖的农业化学品，实现有机农业的生产。

第二节 农作物轮作的要点和方案

一、农作物轮作的要点

合理轮作从短期来看可以预防病虫草害等看得见的问

题，从长期来看，能使土壤变得更好，作物质量和产量也会得到提升。农作物轮作要掌握以下几个要点。

（一）块茎类作物一定要轮作

据实践调研，块茎类作物如马铃薯、半夏、木薯、甜菜等作物，一般是起垄作业，它们之间进行连作，一些病菌会长期地在土壤中生存繁殖。主要是轮枝菌的为害，会造成黄枯萎病的侵犯，对这些块茎类作物造成连年减产，还会使作物病害越来越多，越来越严重，以致不可收拾。所以，块茎类作物一定要进行轮作。

（二）异科作物轮作

同科作物在生理上是有相似性的，对营养的需求也是有同理性的，作物长势差不多，病虫害发作或者其寄主也是相同的，这样与块茎类作物一样，会出现比较大的病虫害，以致无法防治。而将同科作物的不同品种进行轮作，这是不符合作物轮作规律的，也起不到轮作目的。

（三）根据作物营养需求进行轮作

不同作物的营养需求是不一致的，就是同科的不同作物也是有不同营养需求的。作物吸收的营养一部分是从土壤中来的，因而一直连种某一种作物，对土壤的伤害是最大的。

如果土壤中的养分一直处于某一养分持续不足，而某一养分剩余太多，那么，土壤板结情况就会严重，土壤团粒结构遭到破坏，土壤疏松度严重下降。这对作物根系下扎不利，作物吸水吸肥能力下降，产量也会受到影响。

（四）根据作物病虫害不同进行轮作

某一种作物都有一种或者几种病害和虫害，在种植一种作物时，经验比较足的农民知道该怎么去预防这种作物的病虫害。当换作另一种作物时，又会知道这种作物的病害一般会有哪些，虫害一般又会有哪些。

当根据作物易遭受的病虫害种类进行合理轮作的时候，就会有效地避免病虫害的发生，即有意识地躲避病害和虫害。

二、农作物轮作的方案

农作物轮作方案有很多，如定区轮作与非定区轮作、经济作物与豆类作物轮作、经济作物与绿肥作物轮作、小杂粮作物与玉米轮作等。大体上，农作物的轮作主要以水稻、小麦、玉米、马铃薯为中心，这四大主粮互相之间的轮作以及它们与其他作物之间的轮作。下面介绍两种轮作方案。

（一）水旱轮作

水旱轮作的积极意义在于，避免水作物长年积累的病害无法清除。主要以水稻为中心，可以进行一水一旱、一水两旱、两水一旱等方式的轮作，使水区作物得到休息，由旱田作物来消除病害寄主，以使水田作物有更好的生长条件。

在实践中有多种水旱轮作，如水稻与豆科作物的轮作、水稻与瓜果作物的轮作等，要按照各地区作物种植的习惯挑选相应的轮作作物。

（二）豆科作物与禾本科作物的轮作

豆科作物与禾本科作物的轮作是比较广泛的，而且豆科作物的特殊吸肥习惯，使它成为一种可轮作最多的作物。

豆科作物具有固氮的作用，也就是说豆科作物在生长过程中不需要太多的氮元素，但它对钙元素的吸收比较多。对于土壤元素分配来说，它是一个比较极端的作物。换句话说，种植豆类能使土壤中的钙得到大量的吸收，而留下土壤中一部分氮。如果下茬进行轮作的话，如玉米，那么，在种植过程中氮的施用量就可以少些，而病虫害也不一样，不至于使一些土传病害继续泛滥。因此，不论对土壤来说，还是对作物生长来说，都是利好的。

第三节　轮作在农业生产中的意义

轮作，作为农业生产中的一项重要耕作制度，其意义深远而广泛。

一、有效减轻种植农作物的病虫草害

轮作是防治农作物病虫草害的有效途径之一。通过不同作物之间的轮换种植，可以打破病虫害和杂草的生存周期，减少它们的繁殖和扩散。例如，一些病虫害和杂草对特定作物有偏好，通过轮作可以切断它们的寄主链，降低其为害程度。此外，轮作还可以改善土壤微生物群落结构，增加有益微生物的数量，抑制有害微生物的繁殖，从而减轻病虫草害的发生。

在实际应用中，可以根据当地的气候条件、作物特性和病虫害发生规律，制订合适的轮作计划。例如，在水稻种植区，可以采用水稻—绿肥—蔬菜的轮作模式，既能够利用绿肥和蔬

菜的根系改善土壤结构，又能有效减少水稻病虫害的发生。

二、协调、均衡地利用土壤养分和水分

轮作有助于协调、均衡地利用土壤养分和水分。不同作物对土壤养分和水分的需求不同，通过轮作可以充分利用土壤中的养分和水分资源，避免单一作物过度消耗某种养分或水分，导致土壤养分失衡和水分不足。同时，轮作还可以促进土壤中养分的循环利用，提高养分的利用效率。

在轮作过程中，可以通过种植具有不同养分需求的作物来实现养分的互补。例如，豆类作物可以固定空气中的氮素，为下茬作物提供氮肥；而深根作物则可以吸收土壤深层的养分和水分，改善土壤结构。此外，通过合理施肥和灌溉等措施，可以进一步提高土壤养分和水分的利用效率。

三、改善土壤理化性状，调节和提高土壤肥力

轮作对于改善土壤理化性状，调节和提高土壤肥力具有显著作用。不同作物的根系分泌物和残茬对土壤结构、通气性、保水性等方面都有不同的影响。通过轮作，可以使土壤得到充分的休整和恢复，改善土壤的物理性质。同时，轮作还可以促进土壤微生物的繁殖和活动，提高土壤的生物活性，从而增强土壤的肥力。

在实际操作中，可以通过种植绿肥作物、深根作物等方式来改善土壤结构。绿肥作物可以增加土壤有机质含量，提高土壤保水保肥能力；深根作物则可以疏松土壤，增加土壤通气性。此外，通过合理的耕作措施和施肥方式，可以进一步提高土壤肥力。

四、有利于合理利用农业资源，提高经济效益

根据作物的生理生态特性，在轮作中前后作物搭配，茬口衔接紧密，既有利于充分利用土地和光、热、水等自然资源，又有利于合理均衡地使用机具、肥料、农药、灌溉用水以及资金等社会资源；还能错开农忙季节，均衡投放劳畜力，做到不误农时和精细耕作。

由于轮作具有培肥地力和减轻农作物病虫草害的作用，无需肥料、农药、劳力等资源的过多投入，只需作物合理轮换就可获得与连作在高投入条件下相当的产量，降低生产投资成本，提高经济效益。

第四节　耕地轮作休耕制度

一、耕地轮作休耕制度的概念

耕地轮作休耕是指为提高耕种效益和实现耕地可持续利用，在一定时期内采取的以保护、养育、恢复地力为目的的更换作物（轮作）或不耕种（休耕）措施。将耕地轮作休耕相关要求制定为法律和政策，就是耕地轮作休耕制度。

二、耕地轮作休耕制度的发展

2016年5月20日，中央全面深化改革领导小组第二十四次会议审议通过《探索实行耕地轮作休耕制度试点方案》，我国自此正式拉开耕地轮作休耕制度的序幕。该方案提出重点在东北冷凉区、北方农牧交错区进行轮作试点，在地下水漏斗

区、重金属污染区和生态严重退化地区开展休耕试点，并制定了轮作休耕补贴标准。农业农村部和财政部联合印发的《关于做好2019年耕地轮作休耕制度试点工作的通知》中增加了黄淮海地区和长江流域的轮作区及黑龙江寒地井灌稻地下水超采区、新疆塔里木河流域地下水超采区的休耕区，并指明各轮作和休耕区具体的技术路径。

2016年，中央财政安排了14.36亿元，轮作休耕试点面积为616万亩，主要在内蒙古、辽宁、吉林、黑龙江、河北、湖南、贵州、云南、甘肃9省区实施。

2017年，中央财政安排了25.6亿元，轮作休耕试点面积为1 200万亩，涉及黑龙江省、河北省、湖南省等9个省份的192个县（市）。

2018年，中央财政拨付资金50.9亿元，试点规模达到3 000万亩。试点区域由9省区扩大到12省区，鼓励长江流域小麦水稻低质低效区开展稻油、稻菜、稻肥轮作；新增塔里木河流域地下水超采区开展冬小麦休耕、黑龙江寒地井灌稻地下水超采区开展水稻休耕。

2022年，中央财政安排110多亿元资金支持耕地轮作休耕，实施面积近7 000万亩。

三、耕地轮作休耕制度试点的成效

轮作休耕涉及污染耕地修复治理、地下水超采压减、耕地质量保护提升等，带动了农业绿色发展，作物布局日趋合理，产业结构不断优化。

通过试点，耕地得到休养生息，生态得到治理修复。冷凉区建立了玉米与大豆、杂粮、饲草等轮作倒茬模式，重金属污染区和生态退化区建立了控害养地培肥模式，地下水漏斗区建立了一季雨养一季休耕模式。

东北等地通过推广粮豆等多种轮作模式，减少了库存较大的籽粒玉米，增加了有市场需要的大豆。通过作物间的轮作倒茬和季节性休耕，不仅产量有提高，品质也明显改善。

河北是资源型缺水省份，亩均水资源占有量仅为全国平均值的1/7。把小麦、玉米一年两熟改为早播玉米一年一熟，实现一季（小麦）休耕、一季（玉米）雨养，可以利用玉米雨热同期的优势，平均每亩减少用水180米^3。全省200万亩季节性休耕，年减少开采地下水3.6亿米^3。

吉林东部山区轮作大豆后，化肥使用量减少30%以上、农药使用量减少50%左右。

江苏省是率先自主开展省级耕地轮作休耕制度试点的地区。2016年起，江苏省财政专项安排5 000万元用于试点，选择在沿江及苏南等小麦赤霉病易发重发地区、丘陵岗地等土壤肥力贫瘠化地区、沿海滩涂等土壤盐渍化严重地区先行先试。试点效果非常好，特别是在冬季培肥和轮作换茬过程中，不种小麦，种植绿肥油菜、豆科植物，促进了休闲农业的发展。

第二章　常见粮油作物的生长特性

第一节　玉米的生长特性

一、玉米的生长环境条件

玉米生长所需的环境条件主要有温度、光照、水分、土壤及矿物养分等。

（一）温度

玉米是喜温作物，在不同生长发育时期，均要求较高的温度。玉米种子萌发的最低温度为6～8℃，但是在这种温度下，发芽缓慢，吸胀时间拖延很长，因此种子易于发霉；10～12℃条件下发芽相当迅速整齐，因此，生产上往往把这个温度指标作为确定播种期的重要参考。最适温度25～35℃，最高温度40～45℃。幼苗期耐低温能力较强，但温度低于3℃则受冻害。抽穗开花期对温度反应敏感，低于18℃或高于30℃均对开花受精不利，容易产生缺粒和空苞现象。结实成熟期日均温高于26℃，温度低于16℃则影响有机物质的运转和积累而使粒重显著降低。

（二）光照

玉米属短日照、高光效、碳四作物。在短日照条件下发育较快，长日照条件下发育缓慢。一般在每天8～9小时光照条件下发育提前，生育期缩短；在长日照（18小时以上）条件下，发育滞后，成熟期略有推迟。

（三）水分

玉米是需水较多的作物，整个生育期中都要求有适宜的水分供应。具体来说，玉米播种时适宜的土壤水分含量为田间持水量的65%～75%；在拔节期，适宜的土壤含水量为田间持水量的60%～65%；在抽雄开花期前后，适宜的土壤含水量为田间持水量的70%～80%；在灌浆期，仍需要较多的水分。

如果土壤缺水，会影响玉米的发芽和出苗，降低成活率，同时也会导致籽粒灌浆不足，影响产量。因此，在玉米生长过程中，需要适时浇水，保持土壤湿润，以满足玉米生长发育的需要。

（四）土壤

玉米适合种在土层深厚、土质疏松、肥力较高、保水性能良好的土壤中，不适合在黏性较重的土壤中生长。在种植玉米时，要选择向阳、地势高的地块，在田块中施入腐熟的粪肥作为基肥，然后点播玉米种子，最后浇灌一次透水，使土壤完全湿润。

玉米根系发达，需要良好的土壤通气条件，土壤空气中含氧量10%～15%最适宜玉米根系生长，如果含氧量低于6%，就会影响根系正常的呼吸作用，从而影响根系对各种养分的吸收。因此，高产玉米要求土层深厚、疏松透气、结构良好，土层厚度在1米以上，活土层厚度在30厘米以上，团粒结构应占30%~40%，总空隙度为55%左右，毛管孔隙度为35%~40%，土壤容重为1.0~1.2克/厘米^3。

另外，玉米适应性广，一般中性偏酸土壤较适宜。

（五）矿物养分

玉米生长所需的营养元素有20多种，其中氮、磷、钾属大量元素；钙、镁、硫属中量元素；锌、锰、铜、钼、铁、硼等属于微量元素。玉米植株体内所需的多种元素，各具特长，同等重要，彼此制约，相互促进。

玉米所需的矿质营养主要来自土壤和肥料，土壤有机质含量及供肥能力与玉米产量密切相关，玉米吸收的矿质营养元素60%~80%来自土壤，20%~40%从当季施用的肥料中吸收。

二、玉米的生长发育

玉米一生受内外条件变化的影响，其植株形态、构造发生显著变化的日期称为生育时期。玉米一生共分为7个生育时期，具体名称和标准如下。

（一）播种期

玉米的播种期是根据温度和土壤水分确定的。当土壤温度稳定在10℃以上，土壤湿度适宜时，可以进行播种。

（二）苗期

这个时期主要是指玉米发芽、出苗到拔节前的阶段。在这个时期，玉米的主要生长目标是形成根系和地上部分的基础。

（三）拔节期

当玉米植株基部节间开始伸长，长度为1～2厘米时，就进入了拔节期。

（四）抽穗期

抽穗期是指玉米植株的花序开始露出叶鞘，这个时期是玉米由营养生长转向生殖生长的关键时期。

（五）开花期

当玉米植株的花序已经完全展开，开始释放花粉时，就进入了开花期。

（六）灌浆期

灌浆期是指玉米植株开始积累籽粒干物质，这个时期是决定玉米产量的重要阶段。

（七）成熟期

当玉米植株的籽粒基本定型，并且大部分籽粒的乳线消失时，就进入了成熟期。这个时期主要是指玉米植株的籽粒脱水干燥，最终形成产量。

生产上，通常以全田50%的植株达到上述标准的日期，为各生育时期的记载标准。

第二节　小麦的生长特性

一、小麦的生长环境条件

小麦生长所需的环境条件主要有光照、温度、水分、土壤、营养这几大方面的具体要求，一般要根据小麦的生长特性来提供相应的环境。

（一）光照

小麦是长日照植物，对光敏感，一般生长需要每天12个小时的光照，12个小时以下光照无法抽穗。迟钝型的小麦在8~12个小时光照可以开花抽穗。总之，光照充足，分蘖增多，开花、抽穗、结实就更好。

（二）温度

小麦不耐寒，适合生长的温度范围是15~22℃。在各个生长发育阶段，有相应适宜的温度范围。小麦种子发芽出苗的最适温度为15~20℃；小麦根系生长的最适温度为16~20℃；小麦分蘖生长的最适温度为13~18℃；小麦灌浆期的最适温度为20~22℃。

（三）水分

小麦生长需要适量的水分。在苗期，主要是培育壮苗，当土壤表层水分低于田间持水量的70%时，应播前灌水。播后出苗时0~10厘米土层内土壤含水量占田间持水量的75%~85%

时，出苗率最高，土壤水分过低或过高，都不利于小麦发芽和出苗。在小麦生长的过程中如果土壤干枯需要及时为小麦补充水分，保持土壤处于湿润状态。在梅雨季节或者多雨天气，则不能为小麦浇水，而需要为其排水。

（四）土壤

微酸和微碱性土壤上小麦都能较好地生长，但最适宜高产小麦生长的土壤pH值的范围为6.5～7.5。高产麦田耕地深度应确保20厘米以上，能达到25～30厘米更好。加深耕作层，能改善土壤理化性能，增加土壤水分涵养，扩大根系营养吸收范围，从而提高产量。

（五）矿物养分

小麦生长发育所必需的营养元素有碳、氢、氧、氮、磷、钾、硫、钙、镁、铁、硼、锰、铜、锌、钼等。氮、磷、钾在小麦体内含量多，很重要，被称为"肥料三要素"。氮帮助小麦进行蛋白质合成，磷促进细胞的分裂和增长，钾有助于小麦的光合作用和碳水化合物的合成。

二、小麦的生长发育

在小麦生长发育过程中，新的器官不断形成，外部形态发生诸多变化，根据器官建成和外部形态特征的显著变化，可将小麦整个生育期划分为多个生育时期，包括出苗期、分蘖期、越冬期、返青期、起身期（生物学拔节期）、拔节期（农艺拔节期）、孕穗期、抽穗开花期、灌浆成熟期。春小麦没有越冬期、返青期和起身期。

（一）出苗期

小麦第一片绿叶伸出胚芽鞘2厘米时为出苗，全田50%的籽粒达到该标准时即为出苗期。

（二）分蘖期

小麦分蘖伸出其邻近叶叶鞘1.5～2厘米时，称为出蘖。当全田10%的植株第一个分蘖伸出叶鞘1.5～2厘米时，为分蘖始期；50%的植株达到该标准时，为分蘖期。

（三）越冬期

冬前日平均气温降到1～2℃时，小麦植株基本停止生长，进入越冬期，直至次年开春返青期结束。

（四）返青期

次年春天，气温回升，小麦恢复生长，当50%的植株年后新长出的叶片（多为冬春交接叶）伸出叶鞘1～2厘米，且大田小麦叶片由暗绿色变为青绿色时，称为返青期。

（五）起身期（生物学拔节期）

小麦基部第一节间开始伸长，此期亦称生物学拔节期。起身期对应小麦幼穗分化的小花原基分化期。

（六）拔节期（农艺拔节期）

小麦的主茎第一节间基本定长，距离地面1.5～2厘米，基部第二节间开始伸长，也称为农艺拔节期。拔节期对应小麦幼穗分化的雌雄蕊原基分化期。

（七）孕穗期

植株旗叶（亦称剑叶，指小麦茎秆上的最后一片叶）完全伸出倒二叶鞘（叶耳可见），即为孕穗期，也称挑旗期。

（八）抽穗开花期

麦穗（不包括芒）从旗叶鞘中伸出达整个穗长度的一半时称为小麦抽穗期。全田有50%的植株第一朵花开放时为开花期。

（九）灌浆成熟期

此期包括籽粒的形成、灌浆、乳熟、蜡熟与完熟期。其中，蜡熟期是小麦收获适期，此时籽粒大小、颜色与成熟籽粒相似，内部呈蜡状，籽粒含水量22%左右，叶片枯黄，籽粒干重达最大值；蜡熟期后是完熟期，此时籽粒已达到品种正常大小和颜色，内部变硬，含水量降至20%以下，此时收获小麦已经偏迟，且籽粒易脱落，收获损失提高。

第三节　水稻的生长特性

一、水稻的生长环境条件

（一）光照

水稻属于喜阳作物，对光照条件的要求较高，需要保证植株每日接受至少6小时的阳光。如果长期处于荫蔽环境下，会导致植株生长不良，产量降低。

（二）温度

水稻为喜温作物。水稻生长的最适温度范围为20～35℃，在这个温度范围内生长最旺盛。超过35℃生长速度会减缓，过低的温度则会造成生长阻碍。

（三）水分

水稻生长过程中需要适宜的土壤含水量。在不同的生长阶段，水稻对土壤含水量的需求是不同的。在萌芽期，水稻种子需要在土壤中开始发芽，并延展幼芽，这时土壤含水量需要达到70%以上。在水稻生长的出苗前，只需保持土壤含水量的40%～50%就能满足其发芽、出苗的需要。在3叶期以前，水稻并不需要水层，土壤含水量为70%左右即可。而在3叶期以后，土壤含水量需不少于80%，如果含水量过低，可能就会影响水稻的正常生长。

（四）营养

水稻生长发育，需要营养有碳、氢、氧，这些营养由空气和水供给，就已经能满足水稻生长发育的需要。此外，还需要氮、磷、钾、钙、镁、硫、锰、铁、铜、硼、锌、氯，这些营养元素由土壤供给，有的能满足水稻生长发育的需要，有的不能满足，需要人为施肥补充。另外，还有一些有益元素等。水稻产量，就是由这些营养元素通过光合作用形成的，缺少某些元素或不足，产量难以形成或影响产量。

二、水稻的生长发育

根据外部形态和新器官的建成，水稻的一生可分为幼苗期、分蘖期、拔节孕穗期和结实期4个生育时期。营养生长阶段包括幼苗期和分蘖期。生殖生长阶段包括拔节孕穗期和结实期，这是从稻穗开始分化（拔节）到稻谷成熟的一段时间。

（一）幼苗期

具有发芽力的种子在适宜的温度下吸足水分开始萌发，当胚芽和胚根长大而突破谷壳时，生产上称为"破胸"或"露白"；当芽长达谷粒长度的1/2、根长达谷粒长度时，生产上称为发芽。从萌发到3叶期是水稻的幼苗期。

（二）分蘖期

从第4叶伸出开始萌发分蘖到拔节为分蘖期。分蘖期又常分为秧田分蘖期和大田分蘖期，从4叶期到拔秧为秧田分蘖期，从移栽返青后开始分蘖到拔节为大田分蘖期。拔节后分蘖向两极分化，一部分早生大蘖能抽穗结实，成为有效分蘖；另一部分晚出小蘖，生长逐渐停滞，最后死亡，成为无效分蘖。

（三）拔节孕穗期

从幼穗开始分化至抽穗为拔节孕穗期。此期经历的时间较为稳定，一般为30天左右。

（四）结实期

从抽穗开始到谷粒成熟为结实期。结实期经历的时间，因不同的品种特性和气候条件而有差异，一般为25～30天。结实期可分为开花期、乳熟期、蜡熟期和完熟期。

第四节　马铃薯的生长特性

一、马铃薯的生长环境条件

（一）土壤

马铃薯要求土壤有机质含量多、土层深厚、质地疏松、排灌条件好，以壤土和砂壤土为好。轻质壤土透气性好，具有较好的保水保肥能力，播种后块茎发芽快、出苗整齐、发根也快，有利于块茎膨大。马铃薯喜欢偏酸性的土壤。pH值为4.8～7.0的土壤都可种植马铃薯，最适宜的土壤pH值是5.0～5.5。

（二）温度

马铃薯喜冷凉气候。当气温过高时，植株的生长和块茎的形成都会受到抑制。播种后10厘米地温达到7～8℃时，幼芽即可生长成苗；10厘米地温达到10～12℃时，出苗快且健壮。出苗后，18℃的气温最有利于茎的伸长生长，6～9℃时生长缓慢，高温则引起植株徒长。叶片生长的下限温度是7℃，最适温度是12～14℃，较低的夜温最有利于叶片的生长。形成块茎所需的最适气温是17～20℃，10厘米地温16～18℃，低温下块茎形成早，夜间温度越高，越不利于块茎的形成。

（三）光照

马铃薯的生长、株型结构和产量的形成等对光照强度和光照时数都有强烈反应。光照强度不仅影响植株的光合作用，而且与茎叶的生长有密切关系。马铃薯植株的光饱和点为3万～4万勒克斯，随着光照强度的降低，光合作用也开始降低。

（四）水分

马铃薯是喜水作物，由于根系分布浅、数量少，对干旱条件十分敏感。据测定，马铃薯的块茎每形成1千克干物质，消耗水400～600千克。马铃薯不同生长期对水的需求量是不同的。幼苗期耗水量较少，约占全生育期总耗水量的10%，苗期应保持土壤相对湿度为55%～60%；发棵期耗水量占总耗水量的30%～40%，这时要保持土壤有充足的水分；在发棵的前半期要保证土壤相对湿度为70%～80%，后半期可逐步降低土壤湿度，以便适当控制茎叶生长；进入块茎膨大期耗水量占总耗水量的50%以上，这个时期应分别于初花、盛花、终花阶段浇水，这3次水缺少1次，会减产30%以上。块茎膨大后期，是淀粉积累的主要时期，这时应适当保持土壤干燥，土壤相对湿度以60%左右为宜。

二、马铃薯的生长发育

马铃薯从播种到成熟收获分为5个生长发育阶段，早熟品种各个生长发育阶段需要时间短些，而中晚熟品种则长些。

（一）发芽期

从种薯播种到幼苗出土为发芽期。未催芽的种薯播种后，温度、湿度条件合适，30天左右幼苗出土，温度低需40天才能出苗。催大芽播种加盖地膜出苗最快，需20天左右。这一时期生长的中心是发根、芽的伸长和匍匐茎的分化，同时伴随着叶、侧枝和花原基等器官的分化。这一时期是马铃薯建立根系、出苗，为壮株和结薯的准备阶段，是马铃薯产量形成的基础，其生长发育过程的快慢与好坏关系到马铃薯的全苗、壮苗和高产。这一时期所需的营养主要来源于母薯块，通过催芽处理，使种薯达到最佳的生理年龄；在土壤方面，应有足够的墒情、充足的氧气和适宜的温度，为种薯的发芽创造最佳条件，使种薯中的养分、水分、内源激素等得到充分发挥，加强茎轴、根系和叶原基等的分化与生长。

（二）幼苗期

从幼苗出土后15～20天，第6片叶子展开，复叶逐渐完善，幼苗出现分枝，匍匐茎伸出，有的匍匐茎顶端开始膨大，团棵孕蕾，幼苗期结束。这一时期植株的总生长量不大，但却关系以后的发棵、结薯和产量的形成。只有强壮发达的根系，才能从土壤中吸收更多的无机养分和水分，供给地上部的生长，建立强大的绿色体，制造更多的光合产物，促进块茎的发育和干物质的积累，提高产量。这一时期的田间管理重点是及早中耕，协调土壤中的水分和氧气，促进根系发育，培育壮苗，为高产建立良好的物质基础。

（三）发棵期

复叶完善，叶片加大，主茎现蕾，分枝形成，植株进入开花初期，经过20天左右生长发棵期结束。发棵期仍以建立强大的同化系统为中心，并逐步转向以块茎生长为特点。此期各项农业措施都应围绕这一生长特点进行。马铃薯从发棵期的以茎叶迅速生长为主，转到以块茎膨大为主的结薯期。该期是决定单株结薯多少的关键时期。田间管理重点是对温、光、水、肥进行合理调控，前期以肥水促进茎叶生长，形成强大的同化系统；后期中耕结合培土，控秧促薯，使植株的生长中心由茎叶生长为主转向以地下块茎膨大为主。如控制不好，会引起茎叶徒长，影响结薯，特别是中原二季作区的马铃薯。但在中原二季作区的秋马铃薯生产以及南方二季作区的秋冬或冬春马铃薯，由于正处于短日照生长条件下，不利于发棵，不会引起茎叶徒长。

（四）结薯期

开花后结薯延续约45天，植株生长旺盛达到顶峰，块茎膨大迅速达到盛期。开花后茎叶光合作用制造的养分大量转入块茎。这个时期的新生块茎是光合产物分配中心向地下部转移，是产量形成的关键时期。块茎的体积和重量保持迅速增长趋势，直至收获。但植株叶片从基部开始向上逐渐枯黄，甚至脱落，叶面积迅速下降。结薯期长短受品种、气候条件、栽培季节、病虫害和农艺措施等影响，80%的产量是在此时形成的。结薯期应采取一切农艺措施，加强田间管理和病虫害防治，防止茎叶早衰，尽量延长茎叶的功能期，增加光合作用的时间和强度，使块茎积累更多光合产物。

（五）淀粉积累期

结薯后期地上部茎叶变黄，茎叶中的养分输送到块茎（积累淀粉），直到茎叶枯死成熟。这段时间约为20天。此时块茎极易从匍匐茎端脱落。在许多地区，一般可看到早熟品种的茎叶转黄，大部分晚熟品种由于当地有效生长期和初霜期的限制，往往未等到茎叶枯黄即需要收获。

不同品种生长发育各个阶段出现的早晚及时间长短差别极

大，如早熟品种各个生长发育阶段早且时间短，而中晚熟品种发育阶段则比较缓慢且时间长。

第五节　大豆的生长特性

一、大豆的生长环境条件

（一）温度

大豆是喜温作物，一般≥15℃积温1 500℃以上，持续期超过60天，无霜期超过100天地区，均可种植大豆。不同品种的生育期对积温有不同的要求。大豆发芽最低温度为6℃，出苗最低温度为8～10℃，种子所处土壤温度低于8℃，则不能出苗。幼苗在-4℃低温下则受冻害；大豆播种后最适宜的发芽温度是20～22℃，最低为10～12℃；大豆生长发育最适宜的温度为日平均21～25℃，低于20℃生长缓慢，低于14℃生长停止。

（二）光照

大豆是短日照作物，对光照长度反应敏感。日照范围在8～9小时，光照越短，越能促进花芽分化，提早开花成熟；相反，在长日照条件下，则会延迟开花和成熟，甚至不能开花结实。一般来说，大豆在苗期通过5～12天的短光照，就能满足它对短光照的要求。大豆生长发育要求有充足的阳光，如果阳光不足，植株郁蔽，则节间伸长，易徒长倒伏，落花落荚严重，致使单株结荚率低。合理调整群体结构，进行适当密植，改善通风透光条件，对提高大豆产量有重要意义。

（三）水分

大豆是需水较多的作物，总耗水量比其他作物多。大豆发芽时，需要从土壤中吸收种子重量110%～140%的水分，才能正常发芽出苗。苗期耗水量占全生育期的12%～15%，分枝到鼓粒占60%～70%，成熟阶段占15%～25%。因此，大豆幼苗期较耐干旱，土壤水分略少些可促进大豆根系深扎，对大豆后期生长有利，若水分过多，易长成高脚苗，不利于培育壮苗，故苗期要注意防涝，遇干旱时只宜浇少量水。分枝到开花结荚期是大豆一生中需水最多的时期，若水分不足，会造成大量花荚脱落，影响产量。鼓粒期是需水较多、对缺水十分敏感的时期，若干旱缺水，则秕荚、秕粒增多，百粒重下降。大豆成熟期要求较小的空气湿度和较少的土壤水分，以利豆荚脱水成熟。

（四）土壤

大豆对土壤条件的要求并不是十分严格，凡是排水良好、土层深厚、肥沃的土壤，大豆都能生长良好。栽培大豆的土壤pH值以6.8～7.5为最适，高于9.6或低于3.9对大豆生长发育都极为不利。微碱性的土壤可促进土壤中根瘤菌的活动和繁殖，对大豆的生长发育很有利。

二、大豆的生长发育

（一）萌发与出苗

具有生活力的大豆种子，当吸收了达本身种子重量1.1～1.4

倍的水分，气温在10~12℃，并有充足的氧气时，胚根便穿过珠孔而出，称为"发芽"。种子发芽后，由于胚轴的伸长，两片子叶突破种皮，包着幼芽露出土面，称为"出苗"。在适宜的条件下，出苗一般4~5天。大豆的子叶较大，出苗时，顶土困难，因而播种不宜太深。子叶出土后，由黄色变为绿色，开始进行光合作用。

（二）幼苗生长与分枝

从出苗到分枝出现，称为幼苗期，一般品种需20~30天，约占全生育期的1/5。子叶展开后，经3~4天两片单叶出现，形成第一个节间，这时称为单叶期，以后第1片复叶出现，并出现第2个节间，称为3叶期。大豆幼苗一、二节间长短是一个重要形态指标，夏大豆第一、二节间长度不应超过5厘米，否则苗纤弱，发育不良。

当第1个复叶长出后，叶腋的腋芽开始分化为分枝或花蕾，若条件适宜，下部腋芽多长成分枝，上部腋芽发育为花芽。从第1个腋芽形成分枝到第1朵花出现，称为分枝期。大豆进入分枝期后，开始进行花芽分化，此时根、茎、叶生长和花芽分化并进，但仍以长根、茎、叶为主。植株生长速度加快，分枝不断出现，叶数增多，叶面积不断扩大；根系吸收能力逐渐加强，根瘤开始固氮，固氮能力逐渐加强。这在栽培上是一个极为重要的时期，这一时期如果植株弱小，根系不发达，根瘤少，就很难获得高产；相反，若枝叶过度繁茂，群体过大，甚至徒长荫蔽，营养生长过旺，则会造成花芽分化少，降低产量。因此，这一时期要根据具体情况采取促控措施，以保证植株正常生长。

（三）开花结荚

1.开花结荚过程

大豆是自花授粉作物。从开花到终花，称为开花期。从现蕾到开花，需20天左右，一朵花开放后经过4～5天即可形成幼荚。大豆植株是边开花边结荚。开花期长短与品种熟性和生长习性有关，早熟或有限生长习性品种15～20天，晚熟或无限生长习性品种30～40天或更长。

2.结荚习性

大豆的结荚习性分为3种类型。①有限结荚习性。花梗长，荚密集于主茎节上及主茎、分枝的顶端，形成一个数荚聚集在一起的荚簇，全株各节结荚多且密，节间短，植株矮，茎粗不易倒伏。②无限结荚习性。花梗分生，结荚分散，每节一般2～5个荚，多数在植株中下部，顶端仅有一个1～2粒的小荚。③亚有限结荚习性。表现为中间型，偏向无限生长习性，植株高大，主茎发达，分枝较少，主茎结荚较多。开花顺序由下向上，受环境条件影响较大，同一品种在不同条件下表现不一，或表现为有限结荚习性，或表现为无限结荚习性。

（四）鼓粒成熟

大豆从开花结荚到鼓粒没有明显的界限。从幼荚形成到荚内豆粒达到最大体积时，称为鼓粒期。结荚后期，营养体停止生长，豆粒成为养分积累中心，各叶片养分供应本叶叶腋豆粒，鼓粒期每粒种子日平均增重6～7毫克；开花后20～30天，种子进入形成中期，干物质迅速增加，一般达8%～9%，含水量降到60%～70%，此期主要积累脂肪；开花后30～40天内，种子干重增加到最大值，此期主要积累蛋白质，当水分逐渐降到15%以下，种皮变硬并呈现品种固有形状色泽时，即为成熟。

大豆从开花、结荚、鼓粒到成熟所需天数，随品种特性及播种期不同而异，早熟品种一般为50～70天，中熟品种一般为70～80天，晚熟品种一般为80天以上。大豆开花结荚后约40天，种子即具有发芽能力，50天后的种子发芽健壮整齐。成熟度与种子品质和产量有密切关系，成熟完好的种子不仅色泽好，而且百粒重和产量均高；成熟不良和过熟的种子品质和产量呈降低趋势。因此，必须根据大豆种子的成熟度适期收获。

第六节　油菜的生长特性

一、油菜的生长环境条件

（一）温度

油菜是喜冷凉、抗寒力较强的作物，种子发芽的最低温度为3～5℃，在20～25℃条件下3天就可以出苗，开花期14～18℃、角果发育期12～15℃，且昼夜温差大，有利于开花和角果发育，增加干物质和油分的积累。

（二）水分

油菜生育期长，营养体大，结果器官数目多，因而需水较多，各生育阶段对水分的要求为：出苗期一般土壤水分应保持在田间持水量的65%左右；蕾薹期至开花期为田间持水量的75%～85%；角果发育期为田间持水量的70%～80%。

（三）肥料

油菜是耐肥作物，吸肥能力强，在整个生育过程中，需要不断从土壤中吸收大量的氮、磷、钾等营养元素。据测定，每生产100千克油菜籽，氮、磷、钾三者的比例为1：0.35：0.95，对三要素的需求量相当于禾谷类作物的3倍以上。此外，硼是油菜生长发育必不可少的微量元素，缺硼后出现花而不实，即油菜花后，幼角不膨大或不结实。一般减产二三成，严重的颗粒无收。

（四）土壤

油菜是直根系作物，根系较发达，主根入土深，支、细根多，要求土层深厚，结构良好，有机质丰富，既保肥保水，又疏松通气的壤土或砂壤土，在弱酸性或中性土壤中，更有利于增加产量，提高菜籽含油率。

二、油菜的生长发育特点

油菜从播种到成熟所需要的时间因类型、品种、地区和播种期等相差很大。春油菜生育期80~130天，冬油菜160~280天。油菜一生可分为以下5个生育时期。

（一）发芽出苗期

油菜从种子发芽到出苗为发芽出苗期。在土壤水分和氧气等条件适宜时，一般日均气温在16~20℃时播种后，3~5天即可出苗，而在5℃以下时，则需20天左右才能出苗。油菜种子发芽时，首先是胚根突破种皮深入土壤，随后下胚轴向上伸长，将子叶及胚芽顶出地面。当两片子叶出土展开，由淡黄色转绿色，即为出苗。

（二）苗期

从子叶出土展平至现蕾为苗期。一般春油菜20～45天，冬油菜60～180天。一般从出苗至花芽开始分化称为苗前期，而从花芽分化开始至现蕾称为苗后期。苗前期主要是生长根系、缩茎、叶片等营养器官的时期，为纯营养生长期。苗后期以营养生长为主，并进行花芽分化。苗前期发育好，则主茎节数多，可促进苗后期主根膨大，幼苗健壮，分化较多的有效花芽。

（三）蕾薹期

油菜从现蕾到初花阶段称为蕾薹期。一般春油菜持续15～25天，冬油菜30～50天。油菜在现蕾时和现蕾后主茎节间伸长，称为抽薹。当主茎高达10厘米时进入抽薹期。蕾薹期是以根、茎、叶生长占优势的营养生长和花芽分化的并进生长阶段，是油菜一生中生长最快的时期，需从土壤中吸收大量的水和无机养分，是对水和各种养分吸收利用最迅速、最迫切的时期。

（四）开花期

油菜从初花到终花所经历的时间为开花期。油菜花期较长，一般持续25～30天。当全田有25%以上植株主茎花序开始开花为始花期，全田有75%的花序完全谢花为终花期。此期是决定角果数和每果粒数的重要时期。

一株油菜的开花顺序是先主茎花序，后分枝花序，自上而下，自内向外逐次开放。每一花序的开花顺序是自下而上逐次开放。油菜开花时间一般在上午7—12时，以9—10时开花最多。油菜开花期持续一个月左右。

油菜属于异花和常异花授粉植物，主要靠昆虫传粉，开花时，晴朗天气有利于昆虫传粉，可提高结实率。

（五）角果发育成熟期

油菜从终花到成熟的过程称为角果发育成熟期。一般为25～30天。此期包括了角果、种子的体积增大，幼胚的发育和油分及其他营养物质的积累过程，是决定粒数、粒重的时期。此期植株体内大量的营养物质向角果和种子内转移、积累，直到完全成熟。种子内所积累的养分，一部分来自植株（茎秆）积累物质的转移，约占种子储存养分的40%；另一部分是中后期油菜叶片和绿色角果皮的光合产物，约占60%。其中，中后期叶片的光合产物约占20%，绿色角果皮的光合产物约占40%。油菜的成熟过程，可划分为3个时期。

1. 绿熟期

主花序基部的角果由绿色变为黄绿色，种子由灰白变为淡绿色，分枝花序上的角果仍为绿色，种子仍为灰白色。此期种子含油量只有成熟种子的70%左右。

2. 黄熟期

植株大部分叶片枯黄脱落，主花序角果已呈正常黄色，种子皮色已呈现出本品种固有的色泽；中上部分枝角果为黄绿色，当全株和全田70%～80%的角果达到淡黄色（所谓半青半黄）时，即为人工收获适期。

3. 完熟期

大部分角果由黄绿色转变为黄白色，并失去光泽，多数种子呈现出本品种的固有色泽，角果容易开裂。如果此期人工收获，易因炸角造成田间损失。

第七节 花生的生长特性

一、花生的生长环境条件

花生对温度、水分、光照等气候因素均有一定的要求，积温和开花结荚期的日平均气温高低及适温保持时间是制约花生生育的主要因素。

（一）温度

花生生长适宜温度为25～30℃，低于15.5℃基本停止生长，高于35℃对花生生育有抑制作用；昼夜温差超过10℃不利于荚果发育，白天26℃、夜间22℃最适合荚果发育，白天30℃、夜间26℃最适合营养生长；5℃以下低温连续5天，根系则受伤，−2～−1.5℃地上部则受冻害。

全生育期需积温3 000～3 500℃，珍珠豆型约3 000℃，普通型和龙生型约3 500℃。

（二）水分

花生是耐旱性较强的作物，但高产花生须有适宜的水分供应。高产花生群体总耗水量比中、低产花生群体明显增加，所以保证水分供给量是获得花生高产的重要前提。花生的需水量，因生育阶段及外界环境的不同而不同，总趋势是两头少、中间多，即幼苗期、饱果期需水较少，开花结果期需水较多。一般来说，花生在需水较少的时期，耐涝性差；在需水较多的时期，耐旱性差。

（三）光照

长日照有利于营养生长，短日照促进开花。在短日照下，植株生长不充分，开花早，单株结果少。光照强度不足时，植株易出现徒长，产量低。光照充足，植株生长健壮，结实多，饱果率高。

（四）土壤

花生对土壤的要求不太严格，除过于黏重的土壤外，一般质地的土壤都可以种花生。最适宜种花生的土壤是肥力较高的砂壤土，这种土壤通透性好，花生根系发达，结瘤多，土壤松紧适宜，有利于荚果发育。花生果壳光洁，果形大，质量好，商品价值高。黏质土壤，若采用覆膜栽培，保持土壤疏松，也可取得较高的产量。

花生适宜微偏酸性的土壤，pH值以6.0～6.5为好。适宜花生根瘤菌繁殖的pH值为5.8～6.2，适于花生对磷肥吸收利用的pH值为5.5～7.0。花生属于耐酸作物，pH值到3.42的土壤仍能生长花生，但必须施用石灰等钙肥。花生不耐盐碱，在盐碱地就是发芽也易死苗，成长的植株矮小，产量低。花生是喜钙作物，土壤pH值高达9，花生每亩产量仍可达到300千克。

（五）肥料

花生仁中含有丰富的蛋白质和脂肪，要形成这些物质，需要大量的养分。据研究表明，每生产100千克花生荚果需要纯氮6.8千克、磷1.3千克、钾3.8千克。此外，花生还需要较多的钙。

花生与大豆一样，根部结根瘤，能固定空气中的氮素，全生育期仅需从土壤中吸收氮素总量的1/3，即可满足花生的需求，其他养分要靠从土壤中吸收。由于有地上开花、地下结荚的特性，花生不仅能用根系吸收肥料，果针、幼果也能吸收肥料。

二、花生的生长发育

（一）种子萌发出苗期

从播种到50%的幼苗出土、第1片真叶展开为种子萌发出苗期。花生种子吸胀萌动后，胚根首先向下生长，接着下胚轴向上伸长，将子叶及胚芽推向土表。当第1片真叶伸出地面并展开时，称为出苗。花生出苗时，两片子叶一般不出土，在播种浅或土质松散的条件下，子叶可露出地面一部分，所以称花生为子叶半出土作物。中熟大花生品种萌发出苗约5厘米需地温大于12℃的有效积温116℃。北方适期春播花生萌发出苗一般需10~15天，夏播5~8天。

（二）苗期

从出苗到50%的植株第1朵花开放为苗期。苗期生长缓慢（始花时主茎高只有4~8厘米），但相对生长量是一生最快的时期。

1.主要结果枝形成

出苗后，主茎第1~3片真叶很快生出，在第3片或第4片真叶生出后，真叶生出速度明显变慢，至始花时，连续开花型品种主茎一般有7~8片真叶，交替开花型品种有9片真叶。当主茎第3片真叶展开时，第1条侧枝开始生出；第5~6片真叶展开时，第3条、第4条侧枝相继生出。此时主茎已出现4条侧枝，呈"十"字形排列，通常称这一时期为"团棵期"（始花前10~15天）。至始花时生长健壮的植株一般可有6条以上分枝。

2. 大部分花芽分化完毕

到第1朵花开放时，一株花生可形成60~100个花芽，苗期分化的花芽在始花后20~30天内都能陆续开放，基本上都是有效花。

3. 大量根系发生

与地上部相比苗期根系生长较快，除主根迅速伸长外，第1~4次侧根相继发生，侧根条数达100~200条，深度达60厘米以上。同时根瘤亦开始大量形成。

苗期长短主要受温度影响，需大于10℃有效积温300~350℃。苗期生长最低温度为14~16℃，最适温度为26~30℃。一般北方春播花生苗期为25~35天，夏播为20~25天，地膜覆盖栽培缩短2~5天。花生苗期是一生最耐旱的时期，干旱解除后生长能迅速恢复，甚至超过未受旱植株。苗期对氮、磷等营养元素吸收不多，但是团棵期由于植株生长明显加快，而种子中带来的营养已基本耗尽，根瘤尚未形成。因此，苗期适当施氮、磷肥能促进根瘤的发育，有利于根瘤菌固氮，显著促进花芽分化数量，增加有效花数。

（三）开花下针期

从始花到50%植株出现鸡头状幼果为开花下针期，简称花针期。这是花生植株大量开花、下针、营养体开始迅速生长的时期。根系在继续伸长的同时，主侧根上大量有效根瘤形成，固氮能力不断增强；全株叶面积增长迅速，达到一生中最快时期。但是，花针期还未达到植株干物质积累的最盛期，田间不能封垄或刚开始封垄。丛生型品种植株还较矮，主茎高度只有20～30厘米。花针期吸收营养开始大量增加，该期开的花数通常可占总花量的50%～60%，形成的果针数可达总数的30%～50%，并有相当多的果针入土。这一时期所开的花和所形成的果针有效率高，饱果率也高，是收获产量的主要组成部分。

花针期需大于10℃有效积温290℃，适宜的日平均气温为22～28℃。北方中熟品种春播一般需25～30天，麦套或夏直播一般需20～25天；早熟品种春播需20～25天，麦套或夏直播一般需17～20天。土壤干旱，尤其是盛花期干旱，不仅会严重影响根系和地上部的生长，而且显著影响开花，延迟果针入土，甚至中断开花，即使干旱解除，亦会延迟荚果形成。花针期干旱对生育期短的夏花生和早熟品种的影响尤其严重。但土壤水分超过田间持水量的80%时，又易造成茎枝徒长，花量减少。

（四）结荚期

从幼果出现到50%植株出现饱果为结荚期。这一时期，是花生营养生长与生殖生长并盛期，同时亦是营养体由盛转衰的转折期。结荚初期田间封垄，主茎高约在结荚末期达高峰。结荚期是花生荚果形成的重要时期，在正常情况下，开花量逐渐减少，大批果针入土发育成幼果和秕果，果数不断增加。该期所形成的果数占最终单株总果数的60%～70%，是决定荚果数量的时期。结荚期也是花生一生中吸收养分和耗水最多的时期，对缺水干旱最为敏感。

结荚期长短及荚果发育好坏取决于温度及其品种特性。一般大粒品种需大于10℃有效积温600℃（或大于15℃有效积温400~450℃）。北方中熟大粒品种需40~45天，早熟品种30~40天，地膜覆盖可缩短4~6天。

（五）饱果成熟期

从50%的植株出现饱果到大多数荚果饱满成熟，称饱果成熟期。这一时期营养生长逐渐衰退，叶片逐渐变黄衰老脱落，干物质积累速度变慢，根瘤停止固氮；茎叶中所积累的氮、磷等营养物质大量向荚果运转，干物质增量有可能成为负值。生殖生长主要表现在荚果迅速增重，饱果数明显增加，是果重增加的主要时期。

饱果成熟期长短因品种熟性、种植制度、气温等变化很大。北方春播中熟品种需40~50天，大于10℃有效积温600℃以上。晚熟品种约需60天，早熟品种30~40天。夏播一般需20~30天。饱果期耗水和需肥量下降，但对温度、光照仍有较高的要求。温度低于15℃时荚果生长停止，若遇干旱无补偿能力，会缩短饱果期而减产。

| 第三章 | 粮－粮轮作技术 |

第一节　华北平原冬小麦-夏玉米轮作技术

华北平原是我国主要的粮食生产基地之一。冬小麦-夏玉米轮作是本地区主要的种植模式。该模式对于充分利用气候资源、保持土壤肥力、减少病虫害发生以及提高作物产量和品质等方面都具有重要意义。

一、小麦高产栽培技术

（一）选择优质品种

按照当地实际地理环境选择适合当地种植的小麦品种。品种应具有较强的耐寒和耐旱性能，并且成活率高，抗倒伏能力强，适合平原地区种植。

（二）种子处理

小麦种子需要利用包衣技术进行处理。选择70%的吡虫啉种子处理可分散粉剂20克，兑水500～750克，可拌种10～12千克，将种子搅拌均匀，闷5小时左右之后晾晒待播。

（三）整地施肥

播种之前对土壤进行深耕，保证耕深超过25厘米。为提高土壤肥力，降低农业生产对化学肥料的使用量，还可利用秸秆还田机械，将玉米秸秆粉碎还田，提高土壤肥力。整地时基肥施用有机肥料，每亩用量4 500千克左右，确保氮、磷、钾比例适宜，为作物生长提供优良环境。

（四）科学播种

冬小麦播种应根据各地有效积温不同选择合适的播种时期，例如，播种期河南郑州在10月20日前后、河北邯郸在10月15日前后、河北石家庄在10月10日前后较为适宜。现今多采用机械播种，机播下种均匀，深浅一致，利于苗齐、苗全、苗壮。播种行距约25厘米，每亩的播种量8～10千克。

（五）田间管理

按照华北平原的气候特点，小麦种植大多在霜降前后进行，因此，小麦幼苗出土后外界环境的温度较低，不可浇水。若播种时，土壤含水率相对较低，需要在保证幼苗存活的前提下，做好灌溉工作。春季气温回升以后，适当推迟浇水时间，提高田间温度，有利于小麦幼苗生长。自春季浇麦苗返青开始，到小麦拔节孕穗期，注意定时追肥。待小麦生长到拔节末期，还需配合浇灌措施，施用尿素，在小麦拔节期，每亩尿素用量在15～20千克。在小麦孕穗期，每亩尿素用量在7.5～12千克。

小麦扬花期需做好病害防治工作。冬小麦扬花期容易发生赤霉病害，可在田间花穗量为5%～10%时，进行喷药防治。

如果遇到阴雨天气，需在雨后7天重新喷施药剂，可用25%的氰烯菌酯悬浮剂，每亩用量100～200毫升；还可选择40%的戊唑·咪鲜胺水乳剂，每亩用量25毫升；或者使用25%的咪鲜胺乳油，每亩用量50～60毫升。上述药剂均兑水30～35千克，进行喷雾。针对小麦田的蚜虫病害，可使用10%的吡虫啉，每亩用量10～15克，或者根据虫害发生情况，适当增加药量，保证小麦健康生长。

二、玉米高产栽培技术

（一）品种选择

玉米种植阶段，仍然需要按照环境和气候特点合理选择对病害抗性强的、高产的、优良的杂交玉米品种。适合华北平原种植的玉米品种有郑单958、丹玉39、东单70等。

（二）种子处理

玉米种子包衣处理通常选择70%的噻虫嗪粉剂，用量20克，添加35%的精甲霜灵悬浮种衣剂，用量10毫升，兑水100～200毫升，可处理10千克玉米种子。

（三）适时播种

华北平原玉米种植大多在麦收前后进行，需要及时早播，但是早播玉米期间小麦还未收获，因此，多采取套种方式早播。玉米还可在小麦收割之后抢时播种。夏玉米根据品种不同选择合适的种植密度，保证玉米产量。密度过大，影响植株生长；密度过小，浪费土地资源。

（四）节水灌溉

在玉米生长过程中，需要把握其需水关键期，合理灌溉。玉米抽雄期为灌溉关键时期，为防止田间过于干旱，可及时灌溉，并随灌溉进行施肥，每亩追施尿素15～20千克。

（五）病虫害防治

华北平原玉米种植蚜虫、红蜘蛛和玉米螟等虫害较为严重，可使用乐果或者辛硫磷乳油等进行喷雾防治。可选择40%的乐果乳油，或10%的吡虫啉可湿性粉剂，稀释1 000倍液喷雾。同时，针对蚜虫和玉米螟，还可使用40%辛硫磷乳油，或者选择菊酯类农药，兑水稀释1 000倍液灌心叶。对存在虫害的玉米植株进行"灌心"。此外，针对蚜虫病害，还可使用去雄措施，控制害虫的繁殖，降低其对玉米生长造成的为害。

在玉米花穗期，可能出现黑粉病、纹枯病、叶斑病和锈病等病害。针对黑粉病，可用25%三唑酮可湿性粉剂，进行药剂拌种，对此类病害有较好的防治效果。当玉米田间出现此类病害，需要将个别患病严重的植株去除。针对叶斑病，可在发病初期摘除玉米下方的病叶，还可使用70%的代森锰锌可湿性粉剂，兑水稀释400～500倍液，或者使用50%的多菌灵可湿性粉剂，加水稀释500～800倍液进行防治，同时还可防治纹枯病。

（六）及时收获

通常情况下，玉米达到成熟的标准以后应该及时收获，当叶片发黄，玉米籽粒乳线消失、黑层出现，即可开始收获。为提高产量，可适当晚收，但也不可过晚，以免影响后茬小麦种植。

【阅读链接】

新疆和静：小麦+青贮玉米轮作不歇茬

为最大限度盘活土地资源，增加耕地复种指数，在确保粮食安全的情况下提高农户收入，新疆巴音郭楞蒙古自治州和静县巴润哈尔莫敦镇哈尔乌苏村大力推广"不歇茬"小麦、青贮玉米轮作模式，提高耕地利用率的同时增加村民收益。

目前，全村1 400余亩玉米已陆续开始复播，实现了夏收夏播无缝衔接。

近日，和静县委政法委、网信办驻哈尔乌苏村"访惠聚"工作队和村"两委"邀请农技人员到田间地头开展技术服务，在推进春麦成熟一片、收割一片的同时，及时抢抓时机复播青贮玉米，确保种植质量。

同时，该村"访惠聚"工作队和村"两委"积极动员农民采取小麦和青贮玉米轮作模式，开展畜牧青贮饲料的种植、加工、储备工作；鼓励养殖户修建青贮饲料储备池，并在技术上给予帮助，为发展养殖业蓄力，助力农民增收致富。

"小麦丰收后，我承包了100亩地用来复播青贮玉米。储备青贮饲料，既能减少购买饲料的支出，又解决了牛、羊草料短缺的难题，能增加大概5万元的收入。"哈尔乌苏村村民肉孜·买买提说。

"下一步，哈尔乌苏村将加快种植进度，完成全村复播玉米种植工作，为村民增收谋路子，助力乡村振兴。"哈尔乌苏村第一书记谭宝说。

第二节　水稻–小麦周年高产高效栽培技术

水稻–小麦周年栽培是指在同一块土地上连续种植水稻和小麦两个作物，即在一年内完成两茬作物的种植。一般情况下，先种植水稻，然后在水稻收获后迅速进行小麦的播种。

一、水稻小麦周年高产栽培技术

（一）优良品种选择

①对水稻品种的选择要求。稻麦周年栽培中，小麦残留物可能对水稻生长造成阻碍，因此选择抗倒伏性强的水稻品种可以减少倒伏风险，确保良好的生长和产量。针对当地常见的水稻病虫害，选择具有较高抗病虫害性的水稻品种，能够减少病虫害对水稻的损害。②对小麦品种的选择要求。选择中矮型的小麦品种，有利于与水稻搭配种植，减少小麦在水稻生长期间的竞争，避免小麦被水稻遮阴而影响产量。同时要选择抗倒伏性强的小麦品种，能够减少倒伏风险，确保小麦的良好生长和产量。针对当地常见的小麦病虫害，选择具有较高抗病虫害性的小麦品种，能够减少病虫害对小麦的损害。③还需要根据当地的气候条件、土壤类型和种植管理水平进行综合考虑，选择适应性强、产量稳定的水稻和小麦品种。目前在江苏省泰兴市推广应用较好的水稻品种是南粳5055、南粳9108、泰香粳1402、宁香粳9号等；适宜的小麦品种是镇麦12、宁麦13、农麦88、苏隆128、扬麦29等。

（二）播种日期的选择

在稻麦周年栽培模式下，水稻和小麦的播种日期选择是十分重要的，它会直接影响两个作物的生长发育和产量。①水稻播种日期选择。水稻播种时间一般在5月中下旬，具体播种日期应根据当地的气候条件、土壤温度和水稻品种特性来确定。通常情况下，水稻的播种时间应在土壤温度达到适宜生长的范围内进行，一般为15～20℃。过早播种可能会导致水稻遭受寒害或病虫害的风险增加，因此，需要避免过早播种。过晚播种可能会导致水稻生育期延长，与小麦的生长期重叠，影响小麦的正常生长和产量。②小麦播种日期选择。小麦播种时间一般在秋季，具体播种日期应根据当地的气候条件、土壤温度和小麦品种特性来确定。一般情况下，小麦播种时间应在土壤温度适宜生长的范围内进行，一般为10～15℃。过早播种可能会导致小麦生长过快，与水稻的收获期重叠，影响水稻的正常生长和产量。过晚播种可能会导致小麦生育期延长，与水稻的生长期重叠，影响水稻的正常生长和产量。

二、水稻机插秧高产栽培技术

（一）确定最佳的插秧时机

机插秧时间选择。机插秧时间应根据当地气候条件、土壤湿度和水稻品种特性来确定。通常情况下，机插秧时间应在水稻苗床培育良好后，土壤湿度适宜，并且适合水稻生长发育的时候进行。一般而言，机插秧时间在水稻生长期的早期至中期是较为适宜的。插秧前对土地进行精细化地整地，水层1～2厘米，沉淀36小时，育秧时间在5月中下旬，栽插时间最迟在6

月20日，秧苗年龄在20天左右，最晚不能够超过25天。机插秧的株距和行距应根据水稻品种的生长特性、土壤类型和机械设备的要求来确定。一般来说，机插秧株距为25~30厘米，机插秧行距为12~13厘米。株距和行距的选择可以根据当地的实际情况和经验进行调整，以确保水稻植株之间有足够的空间进行生长和充分的光照，每穴3~4株，每亩基本苗控制在7万~8万株。

（二）水肥管理

保持水层1~2厘米进行机械化插秧，为使秧苗迅速放行，插秧结束后采用湿润灌溉为主。当第1片叶子生长出来之后，晴朗天气保持保水层，晚上和阴天要及时排水。第2片新叶长出之后建立潜水层，控制在2~3厘米维持到分蘖期结束。当田间的总蘖叶数达到预期穗数的80%时，为了控制无效分蘖量，应该采用多次排水轻搁田的手段。拔节期到灌浆期，为了促进灌浆延长叶片功能，降低用水量，采用间歇灌溉方式水层，控制在3~5厘米，等其自然落干之后再进行灌溉。抽穗期到扬花期要保持浅水层。灌浆期采用间歇灌溉干湿交替方法，切记不要早断水，避免影响产量和品质。水稻在栽培过程中应该坚持以有机肥为主，化学肥料为辅，穗期每亩追施氮肥18~20千克、钾肥5千克。穗肥分两次追施，一般在穗部分化初期进行第1次施肥，在穗粒关键期进行第2次施肥。

三、小麦高效栽培技术

（一）播种日期的选择

在稻麦周年栽培模式下，小麦种植地的处理和底肥施入是关键的种植措施。在小麦种植前，需要对田地进行适当的处理。可以进行翻耕、整地和平整等操作，以确保土壤松软、均匀，并去除杂草和残留作物。如果田地有积水或排水不畅的问题，需要进行排水处理，以保证小麦良好的生长环境。底肥是指在播种前将养分施入土壤中，以提供给小麦营养。底肥的施用可以增加土壤肥力，促进小麦的生长和发育。底肥的选择和施用量应根据土壤质量、小麦品种特性和当地的气候条件来确定。一般而言，可以使用有机肥或化肥进行底肥施用。有机肥可以改善土壤结构和保持土壤湿度，建议在翻耕前施入。化肥可以提供迅速有效的养分，建议按照农业技术要求和土壤检测结果进行施用。一般情况下每亩施用完全腐熟的有机肥2 000～3 000千克，氮、磷、钾复合肥20～30千克，磷肥、钾肥各10千克，硫酸锌1千克。

（二）科学播种

在稻麦周年栽培模式下，小麦的机械化播种是提高效率和减少劳动力成本的重要措施。使用适合的小麦播种机械进行播种，确保机械的正常运转和操作。在播种前，对播种机进行检查和维护，保证其良好的工作状态。根据田地情况和机械的要求，调整播种机的参数和设置，如行距、排种间距等。具体的播种量应该根据小麦的品种特性、土壤质量和当地的气候条件来确定。一般而言，每亩播种量控制在10～12.5千克，具体播种量可以根据当地的实际情况和经验进行调整。播种深度是指将小麦种子埋入土壤的深度，影响着种子的发芽和生长，小麦的播种深度在3～5厘米较为适宜，具体播种深度可以根据小麦品种特性、土壤湿度和当地气候条件进行调整。小麦的播种行距在20～30厘米较为适宜，具体播种行距可以根据小麦的品种特性、土壤质量和当地的气候条件进行调整。

（三）合理施肥

小麦施肥应该在施足底肥的基础上，重视返青肥、拔节孕穗肥的追施。在稻麦周年栽培模式下，小麦的返青肥和拔节孕穗肥是关键的追肥措施。①返青肥的追肥时机选择。返青肥通常在小麦进入拔节期前进行追施，以满足小麦生长发育的营养需求。追肥时机可以根据小麦的生长情况和当地的气候条件来确定。一般而言，返青肥的追肥时机为小麦拔节前10～15天。②拔节孕穗肥的追肥时机选择。拔节孕穗肥通常在小麦拔节后至孕穗期之间进行追施，以促进小麦的抽穗和花序分化。追肥时机可以根据小麦的生长情况和当地的气候条件来确定。一般而言，拔节孕穗肥的追肥时机为小麦拔节后10～15天。③追肥量。追肥量应根据小麦的品种特性、土壤质量和当地的气候条件来确定。返青肥和拔节孕穗肥的氮肥控制在每亩20～30千克和10～15千克，磷肥、钾肥各8～10千克和5～8千克。

第三节　水稻-玉米轮作模式

一、茬口安排

早稻-鲜食秋玉米：早稻在3月中旬至4月上旬播种，鲜食秋玉米在7月底至8日5日前播种。

鲜食春玉米-晚稻：鲜食春玉米在2月上中旬穴盘育苗，晚稻6月中旬移栽。

二、品种选择

早稻-鲜食秋玉米：早稻品种选用甬籼15、中嘉早17、中组143；鲜食秋玉米品种选用金玉甜2号、浙甜19、浙糯玉16等。

鲜食春玉米-晚稻：鲜食春玉米品种选用雪甜7401、金银208、金玉甜2号、浙甜11等；晚稻品种选用甬优1540、甬优15、中浙优8号、泰两优217等。

三、水稻栽培

整地施肥。鲜食玉米采收后，秸秆粉碎全量还田，每亩再施三元复合肥15千克，耕、耙、耖整平田面，开好田中"十"字形丰产沟和四周围沟。

种植管理。早稻机插移栽，基本苗每亩6万～8万；单季杂交晚稻栽插，基本苗每亩1.1万～1.6万；单季常规粳稻栽插，基本苗每亩4.5万～6.5万。分蘖期保持田间2厘米的浅水层，每亩达到80%有效穗数时搁田，收获前7天断水。重点防治好二化螟、稻纵卷叶螟、稻飞虱、纹枯病和稻曲病等。当水稻95%以上谷粒黄熟时机械收割。

四、鲜食玉米栽培

合理密植。种植密度为每亩3 200～3 500株。

科学施肥。整地前，亩撒施商品有机肥1 000～2 000千克，畦中间开沟，每亩施复合肥50千克；4～5叶时，亩用尿素5千克溶于水浇施，穗肥在8～10叶（喇叭口期）时，每亩施用尿素20～25千克。

防治病虫害。注意防治玉米螟、小斑病及纹枯病，在蚜虫发生初期，喷施25%噻虫嗪水分散粒剂5 000倍液防治。

适时采收。玉米吐丝20~25天后连苞叶一起采收，以保证果穗品质和口感。

第四节　豌豆-水稻轮作技术

一、茬口分配

前一种作物种植豌豆，后一种作物种植水稻。在每年11月的前10天控水和收割水稻后，稻田将进入前一作物水果豌豆的种植期，确保没有积水。从11月中旬到11月下旬的苗床播种，经过150~180天生育期的田地管理，在第2年的5月中下旬就可完全收获了。后茬作物水稻4月初育苗，5月中旬移栽，11月上旬采收完成。

二、豌豆栽培技术

（一）品种挑选

根据市场大规模生产的需要和近两年的试验示范，挑选具有优质、高产、耐寒、耐旱和株高适宜等特点的豌豆。

（二）适时播种

收割完前一季水稻后，田间土壤水分仍保持良好，然后利用这些水分并播种。播种时间从11月中旬到11月下旬，比周边城市的播种时期晚1个月以上。晚熟冬豆类品种，产品上市时间与周边城市错开1个月以上，以补充新鲜蔬菜产品的季节性需求，有助于市场销售。

（三）合理密植

前作水稻行间距一般为35～40厘米。水稻行间距即是水果豌豆的种植行，打塘窝距25～30厘米，塘深20～30厘米，直径30～40厘米。每塘播种5～6粒种子。出芽后，将前一茬种植的水稻行挖松成水果豌豆行距，方便松秧。出苗良好的塘窝保留4～5株幼苗，缺苗的塘窝补种4～5粒种子。

（四）栽种施肥

打完池后，施用底肥，每亩施用30千克的复合肥料，复合肥料距离种子3～4厘米，防止烧苗。每亩覆盖15～20千克磷肥和混有基肥的农家肥，要求覆盖均匀，有助于出芽。出芽后，依据苗情重视施肥和根外施肥（叶面肥）。开花结荚期可施尿素10～15千克/亩。花荚肥应在花期和荚期施用，每亩施锌钾肥40千克。

（五）适度浇灌

适度浇灌是确保所有幼苗健康成长的重要措施。水稻收割后土壤还潮湿时，抓紧播种水果豌豆，不浇定根水，避免烂种。播种后，如果土壤含水量不足，应及时灌溉以利于出芽。根据土壤含水量对盛花期和始荚期进行灌溉，以避免盛花期含水量不足导致严重落花落荚。建议灌溉以保持土壤层湿润为宜，避免积水和过度湿润。

（六）除草培土分蔓

中耕除草，出苗除草1～2次，苗高5～7厘米（3～4片出

苗）时除头草，松土为主。当苗高15～20厘米（真叶7～8
片）时，进行第2次除草。除草同时培土分蔓：每个池塘的苗
用土隔开，便于切荚和收获，也有利于植物的采光和通风。根
据杂草状况，在开花期和结荚期拔除杂草1～2次，为根瘤发育
创造良好的土壤环境。

（七）病虫害控制

在白粉病发病初期，将每亩15%的三唑酮可湿性粉剂，或
15%的100克烯唑醇可湿性粉剂加水50千克喷雾进行防治，根
据病情防治1～2次。

锈病发病初期，通过喷洒50%三唑酮可湿性粉剂1 000
倍液防治，7天后再喷洒1次。蚜虫、潜叶蝇的百株虫量超
过1 500头时开始第1次防治，可用10%吡虫啉可湿性粉剂
3 000～4 000倍液，其他聚酯类农药喷雾防治，每周1次，连续
防治2～3次，兼防治豌豆象。

（八）适时收获

进入5月中旬，水果豌豆豆荚嫩绿色，籽粒饱满圆润，可
以开始切荚，每隔3～4天切1次荚。切荚3～4次后，收获结束。

三、水稻栽培技术

（一）选择优良品种

轮作水稻选用云粳31号、会粳10号、滇优34号等优良
品种。

（二）适时育苗

掌握季节规律，计算以往水果豌豆的收获时间，适时育

苗。育苗时间为4月中旬，秧龄为35～45天，苗龄从4叶1心达到5叶1心、苗高为15～20厘米时进行移植。

（三）精量栽种

每亩播种50～55千克，培育多分蘖优质壮苗，为水稻高产奠定良好基础，实现高产目标。

（四）育苗移栽

旱地栽培和稀植统一采用：移栽规格为株距15～18厘米，小行距15～18厘米，大行距35～40厘米。大行距是下一茬水果豌豆的种植线。每亩约有23 000丛，每丛有2株幼苗，每亩有46 000株幼苗。

（五）测土配方施肥

考虑到前茬水果豌豆栽种的施肥水平，适度比传统式1年1季水稻种植的需肥量降低些，保持高效率轮作栽种的优点。尿素、磷肥、钾肥的有效含量（N、P_2O_5、K_2O）分别为46%、18%和50%。栽种时亩施有机肥1 500～3 000千克、尿素溶液16～20千克、普通过磷酸钙45～46千克、硫酸钾4～5千克作底肥。在孕穗初期，每亩施用7～8千克尿素。硫酸钾2～3千克用作促苞肥。在灌浆期间，根据每亩幼苗情况，施用2～3千克尿素作为壮籽肥。

（六）水分管理方法

选用"浅水栽秧，寸水活苗，薄水分蘖，水深孕穗，潮湿壮秆，干干湿湿"的间歇式水分管理方法。对便于灌溉和排水的田地，要在分蘖期结束时将田地干燥1次，干燥时间为5～7

天。灌浆后，水稻成熟时，以湿润为主，可以养根保叶，提高结实率。

（七）病虫害控制

重中之重搞好稻瘟病、稻飞虱、稻负泥虫、黏虫、稻曲病等稻田病虫害的预防措施。亩用20%哒嗪硫磷乳油150克兑水60～65千克喷雾预防黏虫和稻负泥虫；每亩用10%吡虫啉可湿性粉剂2～3包预防稻飞虱；每亩用20%井冈霉素可溶粉剂150克兑水60千克在水稻破口前7～10天（大肚期）和齐穗期各施1次药预防稻曲病。

第五节　马铃薯-中稻轮作技术

一、马铃薯优质高效栽培技术

（一）品种选择

冬播马铃薯首先应选抗逆性强，特别是较耐高温，同时休眠期短、结薯早的早熟或特早熟品种，如费乌瑞它、中薯5号、兴佳2号、中薯10号、中薯11号等，可在出苗后70天左右收获。

（二）地块选择

马铃薯是地下块茎，需选择耕层较厚、土质疏松、肥力中上等、光照充足、排灌方便的壤土或砂壤土。

（三）整地施肥

种植前将土耙碎整平，翻耕晒田，再开深沟起高畦作垄。结合做垄在垄心埋入基肥，每亩施堆熟的土杂肥2 000千克、三元复合肥（15-15-15）30千克、尿素10千克、硫酸钾10千克。单垄双行，100～120厘米一垄（包沟），垄上开两条播种沟，株距20厘米左右；单垄单行，垄距60～75厘米，垄上开一条播种沟，株距20厘米左右。

（四）适时播种，合理密植

选用脱毒种薯，12月中旬至1月初播种，密度一般亩播4 500～5 000穴。播种盖土后及时喷洒乙草胺等除草剂，防治田间杂草。

（五）大田管理

齐苗后及时追肥、中耕、除草、培土。旺长田在马铃薯初花期和盛花期分别用15%多效唑可湿性粉剂1 000倍液喷雾和0.3%磷酸二氢钾溶液叶面喷施（后者可每周1次，连用2～3次），提高植株后期抗寒能力。同时在马铃薯全生育期要注意防治蚜虫、二十八星瓢虫和晚疫病等病虫害。

（六）适时收获

4月中下旬待植株叶片开始枯黄时可收获。

二、中稻优质高效栽培技术

（一）选用良种

因地制宜选择优质、高产、稳产和抗性好的中迟熟品种。可供选择的籼稻品种有黄华占、五优航1573等，籼粳杂交稻品种有甬优1538、甬优538、甬优9号、甬优15等。

（二）浸种消毒

播种前选择晴天将种子均匀摊薄晾晒1～2天，以提高种子发芽势和发芽率。晒种注意避免直接将种子暴晒在水泥场上，以免高温灼伤。晒种后先用清水选种，间歇浸种24小时，然后用咪鲜胺等药剂间歇浸种消毒12小时以上，防止种传病害。浸种时注意浸露结合，既保证种子充分吸足水分，又有充足的氧气供应。籼粳杂交稻浸种有别于籼稻，宜保证间歇浸种36小时以上。

（三）合理用种，培育壮秧

采用湿润育秧、塑盘抛秧或机插秧等方式，中、小苗移（抛）栽。一般迟熟籼稻品种于5月上旬播种，中迟熟籼稻品种和籼粳杂交稻品种于5月中下旬播种。每亩大田常规稻用种量为2.5～3千克，杂交稻为1.0～1.25千克。

如采用抛栽方式，根据秧龄大小选择适宜规格的钵体软盘，宜选择434孔的钵体软盘。播前种子采用壮秧剂、"旱育保姆"等育秧制剂或采用10%二硫氰基甲烷（浸种灵）4 000倍液、5%烯效唑可湿性粉剂1 000～2 000倍液浸种以培育壮秧，但籼粳杂交稻化控剂用量较杂交籼稻应适当调减。浸种后置于透气性良好的器具中适温催芽至破胸露白待播。

（四）适当稀植，优化群体

播种后15～18天趁阴天或晴天抛栽或机插，抛（栽）秧叶龄3～4叶。湿润育秧秧龄可长些（一般25天左右），但也要尽早移栽。移栽密度可根据土壤肥力和秧龄大小进行调整，一般亩抛栽1.3万～1.5万蔸，抛434孔40～50片；机插用30厘米硬

（软）盘20~25张。

（五）精确施肥，合理运筹

施肥量应根据土壤肥力状况及产量水平来确定，在肥力中上的田块，籼稻亩施纯氮12~14千克，籼粳杂交稻亩施纯氮16~18千克，基蘖穗肥比为4：3：3。

磷、钾肥用量按高产栽培 $N：P_2O_5：K_2O = 1：$（0.3~0.5）：（0.8~1）折纯量确定，磷肥作基肥一次施用，钾肥分基肥和穗肥2次施用，各占50%。

（六）科学管水，养根保叶护鞘

水分管理以湿润灌溉为主，移（抛）栽期浅水插秧，栽后3~5天排水露田促根系生长。分蘖期以薄露灌溉为主，并多次露田促蘖促根。当田间苗数达到计划穗数的80%左右时，开始晒田控制无效分蘖，促根系深扎。拔节期至抽穗期建立浅水层，确保"有水抽穗扬花"。相比籼稻，籼粳杂交稻灌浆结实期长，后期应保持田间湿润，实行"干干湿湿壮籽"，养根保叶护鞘，提高稻株抗倒性，切勿断水过早，确保穗基部籽粒充分完熟。

（七）综合防治病虫害

秧田期重点防治恶苗病（采用咪鲜胺浸种）、稻蓟马、稻飞虱等，栽插前打好超级"送嫁药"。本田前期主防基腐病、二化螟、稻纵卷叶螟，中后期重点防治纹枯病、稻曲病、稻飞虱和穗颈瘟等。因籼粳杂交稻穗型大、着粒密，始齐穗时间较长，尤其要重视稻曲病防控，重点把握破口抽穗前7~10天或10~12天（判断指标：主茎剑叶和倒二叶叶枕平齐时）及破口前3天两次关口，选用氟环唑、苯甲·丙环唑、戊唑醇、噻呋酰胺、井冈霉素等药剂，用足水量（30~45千克）喷透全株，科学防治、确保防效。

（八）适时收获

当水稻95%以上谷粒黄熟时进行机械收割，切忌断水和收获过早，以免影响结实率、千粒重和稻米品质。

第六节　豌豆-小麦-小麦轮作技术

一、茬口安排

采用种植1年豌豆、2年小麦的麦豆3年轮作种植方式。轮作流程如下。

第一年：春季播种豌豆，田间管理，豌豆收获，翻耕整地，播种小麦。

第二年：小麦田间管理，小麦收获，翻耕整地，播种小麦。

第三年：小麦田间管理，小麦收获，翻耕整地（开始下一个轮作周期）。

二、豌豆栽培技术

（一）整地

前茬作物收获后及时耕翻25~30厘米，粉碎土块，平整地表。

（二）施肥

施氮肥（N）4~6千克/亩，磷肥（P₂O₅）8~10千克/亩，钾肥（K₂O）5~6千克/亩。整地时作基肥耕翻施入土壤。

（三）播种

1. 播种时期

4月中下旬。

2. 播种要求

分为穴播或条播，条播行距30厘米，穴播穴距10~20厘米，每穴播种2~4粒，播深3~5厘米。

3. 播种量

蔓生型品种播种5~10千克/亩，直立型品种播种8~12千克/亩。

（四）田间管理

1. 间苗、定苗

第1片复叶展开后间苗，第2片复叶展开后定苗。

2. 中耕除草

在株高5~7厘米和10~15厘米时进行中耕，第3次中耕依据豌豆生长状况而定。

3. 追肥

开花期和结荚期根外喷施0.2%尿素、0.2%~0.3%磷酸二氢钾水溶液。

4. 病虫害防治

科学合理地选用高效、低毒、对环境友好型药剂防治病虫害。根据当地病虫害检测预报及时防治，重点防治褐斑病、蚜虫、潜叶蝇。

（五）收获

全田植株有1/2的荚果枯黄时收获，及时晾晒，待含水量15%以下时入库收藏。

三、小麦栽培技术

（一）整地

前茬作物茬地深耕25～30厘米，粉碎土块，地表平整。

（二）选种

选用高产、优质、抗逆性强且适合旱地栽培条件的小麦品种。

（三）施肥

1.原则

配方施肥，宜增施有机肥。

2.方法

氮肥70%作基肥，30%作追肥；有机肥、磷肥和钾肥作基肥，结合整地或播种机械施入；追肥宜采用机械施入。

3.施肥量

目标产量200～350千克/亩，施氮肥（N）10～15千克/亩，磷肥（P_2O_5）15～20千克/亩，钾肥（K_2O）3～6千克/亩。商品有机肥据使用说明施用。

（四）播种

1.播种时间

适宜播期为9月中下旬至10月上旬。根据降水及土壤水分状况，适时播种。

2.播种量

10～13千克/亩。依播期迟早、整地质量、土壤肥力水平适当增减。每推迟一天增加0.5千克/亩。

3.播种要求

机械条播，行距18～23厘米，播种深度3～5厘米，深浅一致，播后镇压。

（五）田间管理

1.冬季

出苗后至分蘖期，及时查苗、补苗、疏苗。缺苗地段在浸种24小时后及时补种。

2.春季

依据土壤墒情、苗情，追施拔节肥。孕穗期采用"一喷三防"结合中耕及时清除杂草。

3.病虫害防治

科学合理地选用高效、低毒、对环境友好型药剂防治病虫害，根据当地病虫害监测预报及时防治。

（六）收获

宜选择在腊熟后期或完熟前期机收。

第四章

粮－油轮作技术

第一节 水稻-油菜轮作全程机械化生产技术

油菜-水稻轮作全程机械化生产技术在秸秆还田、土地耕整、播栽、植保、收获等主要生产环节实现全程机械化作业。该技术既能降低劳动强度，减少用工成本，又能提高周年生产效率和种植效益，还能避免秸秆焚烧带来的环境污染问题。

一、茬口安排

水稻宜5月上中旬播种，10月上中旬收获；油菜10月上中旬播种，次年5月中旬之前收获。

二、水稻生产技术

（一）品种选择

选用穗粒兼顾型、优质丰产、宜机械化品种，生育期为145～150天。

（二）田块耕整、排水沉实

油菜采用一次性联合收获后及时旋耕作业将油菜根茬秸秆

旋埋入土；油菜采用分段收获后，采用粉碎灭茬机将油菜根茬秸秆粉碎，再将油菜根茬秸秆旋埋入土，或使用双轴灭茬旋耕机复合作业一次性完成旋耕灭茬、根茬秸秆混埋还田，还田深度不小于15厘米。同时每亩撒施5千克尿素（可增施2千克秸秆速腐剂），灌水泡田4～5天（水深1～3厘米），促进秸秆腐烂。插秧前旋耕1次，打浆机平整1次，耕整后田面平整，田面无残茬、杂草、杂物等，田面高低差不大于3厘米，泥脚深度不大于30厘米；泥浆沉实后不板结，插秧时不陷车不壅泥，田面水深1～2厘米。

（三）机械化育秧

采用育秧播种流水线播种，杂交稻每盘播芽谷90～110克，叠盘暗化出苗，育秧场集中育秧，及时防治病虫害和科学管水，培育适龄壮秧。

（四）机械化插秧

采用6～8行乘坐式高速插秧机进行插秧作业，杂交籼稻每亩栽插1.4万～1.6万穴（行距为30厘米，株距为14～16厘米），每穴栽插3～4苗。

（五）科学管理水肥

薄水插秧，立苗返青后浅水勤灌促进分蘖，全田分蘖达到预期穗数的75%～80%时晒田控制无效分蘖，拔节期至抽穗扬花期浅水湿润灌溉，灌浆结实期干湿交替灌溉，收获前10天左右断水。中等肥力田块，全生育期每亩施纯氮10～12千克，氮（N）、磷（P_2O_5）、钾（K_2O）比例为1：（0.5～0.6）：（0.8～1），基肥、分蘖肥和穗肥合理运筹。施足基肥，早施分蘖肥促使分蘖早生快发，巧施穗肥提高结实率，促进大穗。

（六）病虫草害绿色防控

采用自走式植保机、植保无人机等高效植保机械，有针对性地防治病虫草害（如病害：稻瘟病、纹枯病、稻曲病等；虫害：螟虫、稻飞虱等；草害：稗草、鸭舌草、莎草、马唐、千金子、空心莲子草等）。

（七）机械化收获、烘干

水稻籽粒灌浆成熟95%时，采用水稻联合收割机一次性完成稻谷收获，靠近地面收割不留高桩，稻草全量粉碎还田作业。采用全自动中低温循环谷物烘干设备进行稻谷烘干作业。

三、油菜生产技术

（一）品种选择

选用株形紧凑、分枝部位高、抗倒性好、抗裂角、抗病性强、适宜密植、优质高产、适合机械化作业的油菜品种，生育期220~230天，如蓉油16、川油36、蓉油18等。

（二）大田准备

水稻收获后及时开"十"字形中沟和边沟排水控湿，中沟深度不小于30厘米，边沟深度不小于40厘米，沟宽不小于30厘米。如遇稻田积水较多，需增开厢沟，厢面宽3~5米，沟深不小于30厘米，沟宽不小于30厘米。播前3~5天采用植保机械进行化学除草。

（三）种子处理、适期播种和定苗

种子清选后采用油菜种子包衣剂包衣，风干后播种。选择浅耕精播施肥联合播种机或浅耕精量油菜直播机，9月下旬至10月上旬（最迟不超过10月20日）直播机直播，每亩用种200～300克。根肿病发病严重区域宜在10月15日前后播种，以降低根肿病发病率；播种量随播期推迟应适量增加。2～3叶期间苗；4～5叶期移密补稀定苗，留苗2.0万～3.0万株/亩。

（四）科学施肥

施足底肥，即纯氮用量为8～12千克/亩、P_2O_5用量为3～6千克/亩、K_2O用量为3～8千克/亩、硼砂用量为1千克/亩；或每亩施用40～50千克油菜专用配方肥（$N：P_2O_5：K_2O=25：7：8$）。出苗后，依据苗情，冬前合理追肥。

（五）病虫草害绿色防控

选用自走式植保机、植保无人机等高效植保机械。苗期喷施2.5%高效氯氟氰菊酯水乳剂1 000倍液，防治菜青虫；初花期混合喷施咪鲜胺、吡虫啉、速乐硼、磷酸二氢钾，进行一促多防；青荚期吡虫啉4克/亩，防治蚜虫。播种后每亩喷施30%苯·苄·乙草胺30毫升（兑水30～40千克），或96%精异丙甲草胺原药30～45毫升（兑水30～40千克），进行封闭除草。油菜出苗后，根据杂草优势种类选用除草剂，在杂草3～5叶期茎叶喷雾防除禾本科和阔叶杂草。

（六）适时收获

一次性联合收获，选用带秸秆粉碎的油菜联合收割机，在全田90%以上角果外观颜色全部变黄或褐色时于早、晚或阴天进行收获，秸秆粉碎均匀抛撒还田，留茬高度不超过15厘米，秸秆粉碎长度不超过10厘米；分段收获，全田75%～80%角果外观颜色呈黄绿或淡黄，选用油菜割晒机于早、晚或阴天进行割晒，晾晒4～5天后采用捡拾机捡拾脱粒，秸秆粉碎均匀抛撒还田，秸秆粉碎长度不超过10厘米。

第二节 水稻-再生稻-油菜轮作栽培技术

一、茬口安排

水稻头季3月底至4月上旬播种，头季8月10日前收获，再生季10月上中旬收获，收获后尽早播种油菜，油菜尽量在4月底之前完成收获。

二、头季稻和再生稻栽培技术

（一）品种选择

选用生育期120天左右、产量高、低节位分蘖性强、抗逆性强、不早衰、稻米品质达优质等级标准的水稻品种，可选用晶两优华占、农香优665、荃优607、恒丰优粤农丝苗、泰乡优雅占、Y两优911、亮两优1221等品种。

（二）育秧技术

3月底至4月上旬播种，机插秧杂交稻每盘播种75～80克，常规稻80～100克，秧龄20～25天。2叶1心期，秧床灌水1～2厘米，切勿浸过心叶，亩撒施尿素2千克作"断奶肥"，适时栽插。

（三）合理密植

头季稻机插密度按每亩1.8万~2万蔸，行株距规格为25厘米×（14~16）厘米或30厘米×（12~14）厘米，栽插深度控制在1.5厘米以内，使秧苗不漂不倒，越浅越好。杂交稻每蔸2~3粒谷苗，常规稻每蔸4~6粒谷苗。

（四）田间开沟

在够苗80%左右时排干水，结合晒田沉实泥后采用开沟机第1次开沟，田块四周开环沟，田中开若干条腰沟；1~3天后沟中无水清沟，施穗肥前，清沟加深，达到沟深20~25厘米，沟宽25~30厘米。

（五）头季稻施肥管理

每亩施纯氮（N）13~14千克，磷、钾肥用量按高产栽培$N : P_2O_5 : K_2O = 1 : （0.3~0.5） : （0.5~0.7）$折纯量确定。可参考水稻-水稻-油菜轮作栽培技术中施肥方法施用。

（六）头季稻水分管理

大田1~3厘米浅水活苗促分蘖；在够苗80%或有效分蘖末期多次轻晒至田泥开裂不发白；倒2叶露尖时复水，并保持3~5厘米水层到扬花期；灌浆结实期干湿交替灌溉，收获前10~12天结合施保根肥留田面水深1厘米左右，然后让水分自然落干，保证收割时稻田晒干至土壤相对含水量35%左右（表土发白微裂，脚踏无印），以减少机收履带碾压腋芽入泥，影响再生季腋芽萌发。

（七）调控防倒伏

结合基肥或分蘖肥每亩施用硅肥8~12千克，拔节期结合苗情化控壮秆防倒伏，可用5%烯效唑可湿性粉剂兑水浸种，药水：种为（1.2~1.5）：1，浸种24~36小时，其间搅拌取出水面晾1~2次，每次1~2小时。清水洗净后催芽，待齐芽后播种，若用烯效唑浸过种，后期则不要在秧田再用烯效唑、多效唑等调节剂控制水稻生长。若未用烯效唑，可在苗期每亩使用25%多效唑悬浮剂15~20克控苗。使用商品基质育苗时，如基质中含有控苗成分，则不可再使用化学控苗剂。

（八）病虫害防控

头季稻务必抓好田间纹枯病、稻瘟病、稻曲病及螟虫、稻飞虱等的防控，确保收获后田间稻桩根系发达、茎秆健硕，为再生丰产奠定良好基础。

（九）适时收获，合理留桩

头季稻达九成到九五成熟时即可视天气情况抢晴收割，留桩高度以再生季安全齐穗为前提（保证9月20日前后寒露风来临前齐穗），同时要调查田间底部节位腋芽成活情况，以防灌浆期田间水分过多造成基部腋芽死亡，在基部腋芽萌发正常情况下采用中低留桩收割。从再生季安全齐穗期、成熟整齐度及机收不同节位再生力3个方面综合考虑，宜留桩25厘米左右（"保3留4"）。如遇基部腋芽死亡较多，要适当留高桩30厘米左右。

为减少机收碾压损失及机收稻草覆盖影响腋芽萌发，应选择窄幅履带（或者可联系厂家改传统履带宽度为35厘米）

并带碎草抛撒装置的收割机；田间规划好收割路线，采用大"回"或"川"字形，延长单趟收割距离（连片田块建议一个方向跨田埂收割），减少田间掉头转弯次数。

（十）再生季施肥管理

根据水稻品种特点及机收碾压情况确定，一般每亩施纯氮（N）10千克、钾（K_2O）6千克左右。分保根肥、促苗肥及壮穗肥3次施用：保根肥于头季稻收割前10～12天，每亩施用氮肥总用量的40%、钾肥总用量的40%；促苗肥于头季稻收割后1～3天施氮肥的30%、钾肥的60%；壮穗肥于收割后15天左右施其余的30%氮肥。

（十一）再生季其他田间管理

头季稻收割后至腋芽长出时，灌跑马水保持土壤湿润；腋芽萌发后，干湿交替灌溉直至成熟。如遇寒流须灌深水护苗保穗，寒流过后渐排水至3厘米深。

三、油菜栽培技术

选用生育期190天左右，可选用阳光131、丰油730、赣油杂906、赣油杂1009等优质、多抗的中早熟双低油菜品种，每亩用种量300～400克，每亩3万～4万株。采用40%（25-7-8）油菜专用缓释肥"宜施壮"装入联合播种机内机施，推荐每亩施用油菜专用肥35～40千克，作为基肥一次性施用，后期不再追肥。播种前用精甲·噻·咪铜（种卫士）等进行包衣或拌种，可有效防治冬前各种病虫，不用施药。春季主要注意防治菌核病。播前准备、田间管理及收获等参照水稻-水稻-油菜轮作栽培技术中油菜栽培技术要点。

【阅读链接】

新建区"稻–稻–油"轮作护粮农增产增收

"田里的中晚稻还没收割，为何如此着急育秧？"2023年9月13日上午，记者在江西省南昌市新建区联圩镇走访时发现，江西鄱谷农业科技有限公司的育秧车间内，数十名工人正在长约10米的气吸式精准育秧机前调试机器。"育的是油菜苗，等收割再生稻二茬后套种油菜。"公司生产部经理刘家兴指着一旁的油菜苗盘解释说，育秧工厂提前培育油菜苗，让油菜苗在育苗场先集中生长，等田空出来后进行移栽，有效解决了两季水稻后油菜种植生长周期不足的困扰。

近两年，随着水稻机插技术不断推广，新建区种粮大户的水稻亩产连年走高。该区30余万亩早稻和再生稻头茬已喜获丰收，9月底至10月中旬，再生稻二茬和晚稻也将进入收割期。如今，机插技术更是运用到油菜种植上，为油菜套种争取生长时间。

"'稻–稻–油'轮作，既保证了产量，又提高了品质和土地生产能力。"刘家兴告诉记者，这两年，公司推广育秧工厂+机插水稻，增产效果显著。前两个月，公司的3 400亩早稻和6 200亩再生稻头茬，共计收获6 000多吨粮食；中稻、晚稻和再生稻二茬共计2万亩也将进入收割期，丰收在望。

保证秋粮丰收，要做好"虫口夺粮"。据江西鄱谷农业科技有限公司创始人、新建区种粮大户熊模昌介绍，公司正在利用植保无人机对2万亩水稻开展"一喷多促"作业。这项服务还覆盖周边乡镇的农户，为提单产促丰收打好基础。

在赣江支流另一侧的象山镇，中亮农机专业合作社负责人熊中亮告诉记者，机插也为他承包的700多亩水稻带来丰收，再生稻头茬亩产达1 400斤[①]，预计二茬每亩还有400斤，10月中下旬便可以收割。目前，合作社已对所有收割机进行了检修，提前为再生稻二茬和晚稻的丰收做准备。

第三节 小麦-油菜-小麦轮作技术

一、茬口安排

采用种植1年油菜和2年小麦的油麦3年轮作模式。轮作流程如下。

第一年：小麦田间管理，小麦收获，耕翻整地，播种油菜。

第二年：油菜田间管理，油菜收获，耕翻整地，播种小麦。

第三年：小麦田间管理，小麦收获，耕翻整地，播种小麦（开始下一个轮作周期）。

二、小麦栽培技术

（一）整地

前茬地深耕25～30厘米，粉碎土块，平整地表。

（二）品种

选用高产、优质、抗逆性强且适应旱地栽培条件的小麦、油菜品种。

---

① 2斤=1千克。

（三）施肥

1. 原则

配方施肥，宜增施有机肥。

2. 方法

氮肥70%作基肥，30%作追肥；磷肥、钾肥和有机肥作基肥，结合整地或播种机械施入；追肥宜采用机械施入。

3. 施肥量

目标产量200～300千克/亩，施氮肥（N）10～15千克/亩、磷肥（P_2O_5）6～10千克/亩、钾肥（K_2O）4～6千克/亩，商用有机肥依使用说明施用。

（四）播种

1. 时期

适宜播期为9月中旬至10月上旬。根据降水及土壤水分状况，适时播种。

2. 播种量

10～13千克/亩，依播期迟早、整地质量、土壤肥力水平可适当增减，每推迟1天增加0.5千克/亩。

3. 方式

机械条播，行距18～23厘米，播种深度4～5厘米，深浅一致、播后镇压。

（五）田间管理

1. 冬前

出苗后至分蘖期及时查苗、补苗、疏苗。缺苗地段浸种24小时后及时补种。

2. 春季

依据土壤墒情、苗情，追施拔节肥。孕穗期采用"一喷三防"结合中耕及时清除杂草。药剂使用应符合《绿色食品农药使用准则》（NY/T 393—2020）的规定。

3. 病虫害防治

科学合理地选用高效、低毒、对环境友好型药剂防治病虫害，根据当地病虫害监测预报及时防治。

（六）收获

宜选择在蜡熟后期或完熟前期机收。

三、油菜栽培技术

（一）整地

前茬作物收获后深耕25～30厘米，粉碎土块，平整地表。

（二）施肥

施氮肥（N）10～15千克/亩、磷肥（P_2O_5）4～6千克/亩、钾肥（K_2O）4～6千克/亩、硼砂（$Na_2B_4O_7 \cdot 10H_2O$）0.6～1千克/亩。50%氮肥作基肥，有机肥、磷肥和钾肥，硼肥全部作底施。商用有机肥依使用说明使用。

（三）播种

1. 播种时期

最适播期9月中下旬。

2. 播种要求

宜采用油菜精量直播机机播，行距40厘米，播深2～4厘米。

3. 播种量

0.3～0.4千克/亩。

（四）田间管理

1. 间苗、蹲苗、定苗

齐苗后和2～3叶期进行间苗；3叶期化控蹲苗；4～5叶期定苗，苗距6～8厘米。

2. 中耕松土

结合间苗中耕1～2次。结合第2次中耕培土壅根，覆盖草木灰或作物秸秆。

3. 追肥

冬至前10～15天，追施氮肥（N）1～2千克/亩。

抽薹期，追施氮肥（N）2～3千克/亩、钾肥（K_2O）1～2千克/亩。

盛花期，根外喷施2%的磷酸二氢钾和0.2%的硼砂水溶液。

4. 病虫害防治

科学合理地选用高效、低毒、对环境友好型药剂防治病虫害。根据当地病虫害监测预报及时防治，重点防治菌核病、霜霉病。

（五）收获

全田70%以上的角果呈现枇杷黄时收获，收后堆垛后熟2～4天，晴天撤垛晾晒待含水量降到15%以下时入库收藏。

第四节 玉米-大豆轮作技术

2022年，中央农村工作会议明确提出："要大力实施大豆和油料产能提升工程，加大耕地轮作补贴力度，在东北地区开展粮豆轮作，盐碱地开展种植大豆示范。"扩大大豆种植，实施玉米-大豆轮作不仅是保证国家粮食安全的需要，还是黑土地保护的不二法宝。

一、玉米秸秆还田－大豆轮作条件下大豆栽培技术

玉米秸秆还田-大豆轮作指的是在秋季收割完玉米后，将剩余的秸秆还田，用于改善土壤质量和保持水分；然后在春季种植大豆，通过这种轮作方式，可以充分利用土地资源，减少土地的耕作次数，提高土地利用率，同时也有利于农作物的生长和丰收。此外，玉米和大豆的轮作还可增加土地的氮素含量，从而减少对化肥的依赖，降低生产成本，同时也有益于保护环境。

（一）玉米秸秆处理

玉米成熟后采用联合收割机收获的同时将粉碎的玉米秸秆抛撒在田面上，玉米留茬15厘米以下，用灭茬机进行秸秆和根茬二次破碎。

（二）秸秆深混还田

使用螺旋式犁壁犁进行土壤深翻作业，将抛撒在田面上的秸秆深混入30～35厘米土层；深翻后的土壤晾晒4～5天，利用

圆盘耙进行耙地，最后使用联合整地机起垄至待播种状态。

（三）优质高产大豆品种选择

选择蛋白含量高、耐密植、产量稳定性好、抗倒伏和抗疫霉根腐病、成熟时不炸荚、适合于机械化管理和区域内种植的大豆品种。

（四）种子处理与播种

精选种子，保证发芽率。每100千克种子用1 500毫升种衣剂拌种，防治根腐病，同时防治大豆根潜蝇、地老虎、大豆孢囊线虫病等。要求药液均匀分布到种子表面，拌匀后晾干即可播种。每亩播种量为4～5千克，保苗28万株。根据土壤墒情和土壤温度适时播种。

（五）施肥

亩施用磷酸二铵10千克、硫酸钾5千克。采用分层施肥：第一层施在种下4～5厘米处，占施肥总量的30%～40%；第二层施于种下8～15厘米处，占施肥总量的60%～70%。

（六）杂草防治

播种后出苗前，用异丙草胺、异丙甲草胺、精异丙甲草胺、丙炔氟草胺和噻吩磺隆等化学除草剂进行封闭除草；出苗后用精喹禾灵、高效氟吡甲禾灵、精吡氟禾草灵、烯禾啶与氟磺胺草醚等进行茎叶除草。

（七）病虫害防治

加强病虫害监测，尽量施用高效、低毒、低残留药剂。使用吡虫啉或阿维菌素制剂防治蚜虫，阿维菌素防治红蜘蛛，高效氯氟氰菊酯水乳剂防治食心虫，咪鲜胺乳油或者菌核净可湿性粉剂防治菌核病。

（八）化学调控

高肥力地块可在初花期喷施多效唑等植物生长调节剂，防止大豆倒伏；低肥力地块可在盛花、鼓粒期叶面喷施少量尿素、磷酸二氢钾和硫酸锌等，防止后期脱肥早衰。

（九）机械收获

在大豆完熟期、叶片全部脱落、豆粒归圆时进行。收割机作业要求割茬低、不留底荚，一般5～6厘米。

（十）注意事项

（1）深翻犁秸秆全还田深混技术要求玉米秸秆在联合收割机收获时含水量不能太高，否则影响秸秆机械粉碎的程度，进而影响机械还田效果。

（2）深翻犁秸秆全还田深混技术尽量在秋季作物收获以后进行，以免春季耕翻导致土壤失墒，影响大豆的生长发育。

（3）大豆茬免耕播种玉米要注意播种时的土壤温度，如果温度过低，可以等到适宜的土壤温度再播种，以免影响玉米的发芽。

二、黑龙江省大豆－玉米轮作轮耕机械化生产

黑龙江省每年为我国输出大量农产品，是全国极为重视的商品粮基地之一，更是以大豆、玉米为代表的主要作物产区。玉米种植效益有所下降，为改善这一不利现象，农业农村部敏锐地提出耕地比例中应减少玉米种植的面积，并采取轮作

体系，以此推动种植效益增加的目标落实。另外，从2015年开始，玉米转种大豆的补贴开始发放，因此，农民种植大豆也将会得到较高收益，黑龙江省由此便开始推行大豆-玉米进行轮作的轮耕方式，在机械化生产支持下，为种植产业取得更多农业效益。

（一）大豆-玉米的轮作、轮耕方式设计

单独种植玉米或大豆，对土壤肥力、农民经济收益等因素有较大不利影响，因此，将垄作区的作物种植结构加以调整，采用大豆-玉米两种作物的轮作、轮耕方式，可在符合作物生长需求的同时，有效降低耕作投入成本，增加农民收益。

1. 轮作方式设计

同一土地上进行的有序季节性、年度性转换种植作物的方式，便是轮作，轮作方式合理，将会为农民取得较多收益，更能将土壤肥力保持在较高水准，减少前期投入。使用轮作方式，其初衷是要将不同土地的作物种类、种植顺序加以确定，由此便可在轮作进行时，将用地、养地策略加以融合，改善种植结构。黑龙江省近10年来，大豆种植面积呈下降趋势、玉米种植面积则呈上升趋势，但目前变化趋势趋于平稳。大豆种植有其独特性，其种植期间不适宜迎茬或重茬，因此，大豆种植作业可与其他作物进行3年轮作，而玉米则需要进行适当管理便可达到不减产连作目标。因此，结合黑龙江省旱田垄作方式，特采用大豆-玉米3年轮作方式，以"玉米、玉米、大豆"为3年轮作顺序，并且将玉米种植面积划为大豆种植面积的2倍，以此获得最佳轮作收益。

2.轮耕方式设计

连年采取同一种耕作措施会带来严重问题。例如，免耕可以最大限度地保墒，防止水蚀风蚀，但长期免耕会造成土壤紧实度高，反而限制根系的生长；深松可以增加水分渗透速率、充分利用降水及增加有机质含量，但是翻埋秸秆效果较差；翻耕不但解决了秸秆深层翻埋的问题，且有利于促进养分分解，提高土壤有效肥力，但长期翻耕会造成耕层土壤过于疏松，土壤保墒性能下降。以黑龙江省多数地区的种植方式特点为基础，将3年轮作工艺融合至轮耕方式讨论中，由此得出具体的轮耕作业方式。例如，第一年种植的是玉米作物，当玉米成熟收获后，将地表上的玉米秸秆进行粉碎、深埋，其中深翻深度应达到30厘米，利用该种耕作方式，能在第二年时降解40% ~ 60%，所以为土地提供了充足养分。而第二年在玉米作物收获后，采用免耕方式，由此便能节约耕种翻地成本，还可进一步腐解玉米秸秆。第三年大豆收获后，因大豆产生秸秆数量较少，因此，该年度采用联合整地方式，确保土壤深松后能达到较高土壤疏松程度，便于新一轮的轮作方式开展。

（二）机械化作业下的生产工艺分析

1.玉米机械化生产工艺

在玉米进行耕作时，需要利用机械化设备，来使玉米轮作、轮耕作业进一步加快效率，促进产业营收。在进行耕整土地阶段，前茬作物是玉米，此时便需要借助秸秆粉碎装置将秸秆打碎，确保秸秆能够保持细碎状态，便于深翻时能取得较高的腐解效果。深翻时保证土壤深度至少为30厘米，采用宽幅的犁机机组进行，操作人员需要将粉碎后的秸秆平铺于深翻沟犁中，并在深翻埋土后，进行耙地操作，其深度约为15厘米。前茬作物是大豆，则应进行联合整地的轮耕方式，此时应借助联合整地机将土地进行深松、平土等作业，其中深松需达到30～40厘米的深度，然后需要将整地后的土壤进行平整化操作，达到较高播种状态。在田间管理期间，玉米出苗前期需要进行除草作业，采用地表全封闭状态，抑制杂草生长，确保玉米幼苗可稳定、安全地生长。

2. 大豆机械化生产工艺

大豆进行机械化操作，主要体现在播种作业及田间管理时。①前茬玉米时，应在免耕耕作方式后采用精量播种方法将大豆种子播种，该阶段无需再次整地，减少作业量，使用到的机械类型为精量播种机。进行播种时，该机械的前部是旋转拨动秸秆设备，以此来创造出较为优良的种床环境，播种作业播土深度为4厘米左右，种植深度为9厘米左右，在施加肥料后，可完成精量播种作业。②进行田间管理时，大豆幼苗需要足够养分，所以不能被杂草抢夺土壤养分，在苗前应做好封闭除草工作，共分为3次耕作环节。第1次进行机械化耕作时间为大豆出苗后，此时垄沟需要达到的松土深度至少30厘米，主要起到增温、蓄水等作用；第2次使用除草剂以及肥料综合进行中耕操作，确保大豆幼苗在生长期间可保持较高肥力；第3次是在封垄前做好培土作业，为大豆做好防寒抗冻等防护措施。

第五节 麦茬复播大豆高产栽培技术

复播大豆又称夏大豆、回茬豆，在山西省中南部麦区普遍种植。大豆不仅是粮食作物，而且是具有很高经济价值的经济作物。大豆营养丰富，是高等粮油食品，能加工成豆芽、豆腐、豆浆、豆瓣酱等产品，既能改善人民生活，又能增加农民收入。由于复播大豆具有生育期短、不占耕地、省肥省工、肥田养地等优点，所以深受农民欢迎。近年来，随着高产优质品种的更新换代，复播大豆栽培技术不断完善，麦茬复播大豆种植面积正在从南向北逐渐扩大。

与春播大豆相比，复播大豆具有"快、短、小"的特点。①出苗快、发育快。一般4～5天就可出苗，25～30天就可开花，80～90天成熟。②生育期短。一般营养生长期25～30天，营养生长和生殖生长期共40～50天，全生育期只有80～90天，比春大豆生育期少40～50天。③单株发育小。表现为株型小，荚角小，叶面积系数小。因此，复播大豆栽培管理上要突出一个"早"字，牢记一个"密"字，狠抓一个"促"字。

一、良种选用

复播大豆生育期短，选用适宜的早熟品种是实现高产的关键。但为了充分利用生长季节的光热资源，选种时要根据当地的土地条件、气候特点，以及收麦早晚和无霜期长短来灵活掌握。一般应选用生育期适宜、植株繁茂、生长势强、开花集中、鼓粒迅速、成熟一致的品种。旱地麦茬复播大豆还应注意选择株型小、成熟早、耐旱好的小粒品种。小粒品种发芽吸水少，容易出苗，出苗后幼苗生长快，在花期能形成比较繁茂的营养体，为大量开花结荚打下基础。试验表明，山西省临汾市、运城市、晋城市和长治市的部分县市应推广中黄13、晋豆25号、晋豆28号等大豆品种；山西省中北部无霜期较短、光照少、积温小的地区应推广晋豆15号、晋豆18号和北疆9号等早熟品种。良种选定后还要进行种子精选，去掉破粒、秕粒、霉粒、病粒和杂豆，留下籽粒饱满、光泽好的优质种子。

二、播前准备

（一）整地和施肥

复播大豆前茬小麦根系深、需水多、吸水力强，收麦后土壤干燥而很难下种，所以在运城市、临汾市、晋城市等无霜期较长、水利条件较好的麦区，应在收麦前早浇"送老水"。麦收后及早施肥，要求每亩麦地施腐熟的优质农家肥1 000~1 500千克，复合肥30~40千克，然后进行浅机耕，机耕深度25厘米，耕后反复耙耱，做到地平土绵、无坷垃、上虚下实。无霜期较短而来不及耕地的麦区，施肥后应进行旋耕、耙耱、播种，也可以在种植前茬小麦时多施一些农家肥和化肥，收麦前早浇"送老水"，收麦后硬茬播种。旱地复播大豆应早施肥、早整地，趁墒早播。

（二）种子处理

1.播前晒种

晒种可以利用阳光中的紫外线杀死附着在种子表皮的病菌，减少病源、减轻病害，打破种子休眠状态，促进种子早发芽，确保苗全苗壮。晒种方法是在播种5天前将选好的种子摊开，厚2~3厘米，连晒3~4天即可使用。

2.播前拌种或包衣

微肥拌种有促进大豆根瘤发育、增强固氮能力、加快养分吸收、促进大豆生长的作用。方法是将70克钼酸铵溶于1 000

毫升水中，均匀喷施在大豆种子上；种子包衣用25克/升的咯菌腈（适乐时）悬浮种衣剂按种子量的0.2%～0.4%进行包衣。

（三）抢时早播

1.抢时早播是麦茬复播大豆丰产的重要环节

农谚说得好："进伏不种秋，种了也不收"。山西省南部麦区收麦时间一般在6月上中旬，因此，6月30日之前必须种完复播大豆；中北部麦区收麦时间一般在6月下旬至7月上旬，7月10日之前必须种完复播大豆。实践表明，以6月30日为标准，迟播7天（7月7日），减产22.8%；迟播14天（7月14日），减产36.1%；迟播21天（7月21日），减产53.9%。每早播1天可增产约3%，反之迟播1天要减产约3%，可见播期的早晚对复播大豆产量的影响极大。因此，在条件允许的情况下应尽量早播，力争把播期提到初伏之前，且越早越好。

2.抢时早播的优势

抢时早播，可以延长大豆的营养生长期，使复播大豆苗期生长健壮，为实现丰收打下基础；可避开复播大豆前期雨涝、后期干旱和低温的危害，使大豆鼓粒期正值9月中下旬的降雨偏少、光照较长、昼夜温差大、干物质积累多的有利时期；早播、早收、早腾地，不误下茬小麦播种，实现夏秋两作双丰收。

（四）科学管理

"三分种，七分管，十分收成才保险"。播后管理是夺取复播大豆高产的关键。复播大豆由于种在夏季，长在雨季，生长快、苗期短、单株小，因此，在管理上应早计划、巧安排，一促到底。

1.早中耕破除板结

复播大豆下种后，正值高温多雨季节，此时气温高、雨水多，雨后土壤易板结，影响出苗。播后3天，当豆粒发芽、顶土显垄时，要及时中耕、疏松土壤、助苗出土，防治草荒，以确保全苗、齐苗、壮苗，促进幼苗生长。

2.早间苗合理密植

以山西省南部麦区为例，复播大豆一般于6月20日左右下种，实行窄行密植，行宽25～30厘米，播深3～5厘米，用种量7.5～10.0千克/亩。6月27日左右出苗，苗齐后第1片复叶展开前进行间苗、定苗，株距7～10厘米，留苗2万～3万株/亩。具体密度可根据地力、品种和生产条件而定。通常为肥地宜稀植，薄地宜密植；生产条件好的宜稀植，差的宜密植；植株繁茂、分枝多的品种宜稀植，植株紧凑、分枝少的品种宜密植。

3.肥水齐攻

复播大豆生长快、花期早、需肥急，进入营养生长和生殖生长并进期，需水、需肥量大，应早追肥、补浇水。所以应在始花期结合中耕追施速氮肥，每亩追施尿素7.5～10千克；在花荚期用"质量分数2%的尿素+质量分数0.2%的磷酸"进行叶面喷肥。复播大豆生长在7—9月，正值山西省的雨季高峰，苗期在雨季前期，花期在雨季盛期，鼓粒期在雨季后期，一般不缺水，但也有少数伏旱和骑秋旱的年份，所以要"看天、看地、看长势"，科学补浇壮苗水、花荚水、鼓粒水。

4.防治病虫害

复播大豆生长期温度高、湿度大，病虫害严重，必须及早综合防治，力争把病虫为害的损失控制到最小程度。播前每亩土地用质量分数3%克百威颗粒剂1.0~1.5千克，拌细土30千克，均匀撒施在犁沟中，可有效地防治蛴螬、蝼蛄、地老虎等地下害虫；初花期喷施质量分数80%敌敌畏乳油液1 500倍+700倍质量分数50%多菌灵混合溶液，可防治蚜虫、红蜘蛛等虫害和大豆霜霉病、灰斑病、褐斑病等病害；结荚期喷施质量分数2.5%敌杀死乳油1 000倍液，防治大豆食心虫。

5.适时收获

复播大豆成熟后，要适时收获，确保颗粒归仓。大豆收获期要求比较严。收获过早，籽粒尚未成熟，干物质积累没有完成，不仅会降低粒质量，而且青粒、秕粒较多，脱粒困难，光泽不佳，品质不好，产量不高；收获过晚，容易炸荚落粒，造成产量损失。因此，需要适时收获，做到颗粒归仓。具体收获期要看大豆长相，人工收获时期一般应在茎叶和豆荚全部变成棕黄色、落叶超过80%时进行，机械收获要在豆叶基本落完时进行。

第六节 春花生-冬小麦-夏玉米轮作技术

花生为豆科作物，具有根瘤固氮能力，可提高土壤含氮量。小麦、玉米秸秆还田后，可提升土壤有机质含量，改善土壤结构，提高土壤肥力。玉米收获后进行冬季休耕，避免土壤作业，减少了水肥流失，降低了越冬病虫害基数，提高了粮油作物品质。

一、春花生高产栽培技术

（一）品种选择

选用高产、抗病、商品性好的中晚熟品种，如青花6、花育23、花育22等，也可选用冀花11、冀花16等高油酸品种。

（二）种子处理

花生剥壳前（距离播种少于15天），选择晴天晾晒后，采用机械脱壳。选粒大饱满、皮色亮泽、无病斑、无破损的种子进行包衣处理。

（三）播种

在土壤墒情适宜的条件下，持续10天以上5厘米地温稳定通过15℃，高油酸品种地温稳定通过19℃时播种，以4月底至5月初为宜。播前整地施肥，每亩施用商品有机肥50～100千克、三元复合肥40～50千克。采用机械化联合播种，一次完成起垄、播种、覆土、喷药、覆膜、膜上覆土等农艺工序。中大果型品种密度为8 000～10 000穴/亩，小果型品种密度为10 000～12 000穴/亩；每穴2粒。

（四）田间管理

采用"两拌三喷"技术，加强花生田间管理，"两拌"花生播种前采用拌种剂与拌种肥进行种子处理。"三喷"采用二次稀释法，每亩每遍药用水15千克。第1次喷在开花初期，喷施叶面肥、杀虫剂、杀菌剂等，促进花生开花、坐果；第2次喷在花生结荚期（株高30厘米左右），喷施控旺药剂、杀菌剂等，控制旺长并防治病虫害，提高成果率；第3次喷在花生饱果期（荚果50%饱果，收获前15 ~ 20天），喷施生长调节剂、杀菌剂等，防治叶斑病和防止早衰，提高花生饱果率和产量。

（五）收获

机械化摘果时，干摘的损失率、清洁度均好于湿摘，摘果前将花生秧平铺晾晒3 ~ 5天。

二、冬小麦高产栽培技术

（一）选用抗旱品种

选用节水、高产的小麦良种，如河农6049、轮选266、轮选987、中麦1062、京花11等。

（二）施肥、整地

在9月10—20日，花生收获后，合理深翻，细耙整地，施足底肥，亩施小麦专用复合肥40 ~ 50千克。

（三）播期及播量

小麦播期为10月1—7日，在花生采收后及时整地播种，亩播量14 ~ 17千克。晚于10月7日应适当加大小麦播量，一般每晚播1天增加播量0.5千克/亩。播后镇压，播种深度3 ~ 5厘米，下种均匀，保证一播全苗、壮苗。

（四）追肥

根据小麦产量确定施肥量；依据小麦需肥规律、土壤水分确定生育期施肥次数。一般在小麦拔节初期结合浇水亩追施尿素15 ~ 20千克。

（五）收获

冬小麦一般在6月10—20日成熟，在小麦蜡熟末期及时机械收获，收获后秸秆和残茬全部还田。

三、夏玉米高产栽培技术

（一）品种选择

选择株高适中、高产、抗逆性强的中早熟品种。适宜栽培的品种有郑单958、农单902、纪元128等。

（二）播种定苗

首选包衣种子进行播种，以防治早期虫害。早播是夏玉米增产的关键，一般需在6月20日前完成播种，播种量需控制在每亩4 000～5 000粒，播种深度控制在4～5厘米，播种后为了保持全苗壮苗，需要及时浇蒙头水。

（三）肥水管理

夏玉米肥料管理以"稳氮、增磷、补钾"为目标，全生育期每亩需施纯氮18～20千克、五氧化二磷5～10千克、氧化钾10～15千克。玉米大喇叭口期每亩根际追施相当于纯氮5～6千克的化肥，在灌浆期追施氮肥3千克，防止叶片早衰。干旱时适时浇水，涝时及时排水，可以避免夏玉米因湿度问题影响产量与品质。

（四）中耕除草

夏玉米苗期处于雨季，中耕除草能增强土壤透气性，苗期需进行2～3次中耕除草，定苗前需进行1次浅中耕，定苗后与拔节期内都要进行1次深耕，中耕除草需将中耕深度控制在3～5厘米。

（五）病虫害防治

强化田间肥水管理可提升夏玉米抗病虫害的能力。夏玉米病虫害管理采取"预防为主，综合防治"的植保方针，不同虫害采取不同处理措施。穗期是多种病虫害盛发期，可选用10%吡虫啉、70%甲基托布津等进行综合防治。

（六）收获

为提高夏玉米单产水平，可适时延长收获时间，一般可在10月8日左右收获，每亩可增产40～50千克。

第七节 春花生-晚稻轮作栽培技术

一、地块选择与茬口安排

（一）地块选择

应选择土壤肥力水平中上，保水保肥能力强、土质疏松、地势平坦、排灌方便的地块种植。

（二）茬口安排

春花生要根据当地气候条件，以5厘米土温连续5天稳定在12℃（昼夜平均温度）以上时播种为宜。春花生在3月中旬至4月上旬（清明前后）种植，7月下旬收获。晚稻在6月底至7月初播种，7月下旬移栽，10月下旬收获。

二、春花生栽培技术

（一）品种选择

选用通过品种登记，并适宜水田种植的高产、高抗、优质，全生育期在110~120天的花生品种。

（二）播前准备

1. 种子准备

花生每亩用种仁量为10~12.5千克。播种前2~5天剥壳，剥壳前带壳晒种1~3天，剥壳后选择整齐一致、籽粒饱满、色泽新、没有损伤的种仁。

在花生播种前，用吡虫啉、噻虫·咯·霜灵、丁硫克百威等种衣剂拌种。

2. 整地施基肥

用旋耕机旋耕，深度20~30厘米，前茬作物留茬较高应多旋耕1次，做到地表平整。开好"三沟"（厢沟、中沟、围沟）以利排水。

基肥结合整地翻土深施，花生播前5~7天每亩施生石灰50~75千克，按每亩花生产量250~350千克参考施肥量为：腐熟有机肥1 000~1 500千克、复合肥45%（N-P$_2$O$_5$-K$_2$O 15-15-15）30~35千克、钙镁磷肥50千克。

（三）播种

单粒精播，行距25厘米，株距12~15厘米，每穴播1粒种仁，每亩播种密度2万穴左右；双粒播种，行距30厘米，株距

20～25厘米，每穴播2粒种仁，每亩播种密度1万穴左右。

（四）田间管理

1.查苗补苗

出苗后及时查苗，对烂种缺苗及时催芽补种；对盖种过深、子叶难以出土的要及时扒土使子叶外露，保证苗全、苗齐。

2.追肥

在花生开花下针期每亩追施氮钾复合肥（$N\text{-}P_2O_5\text{-}K_2O$ 13.5-0-46）20千克。

3.水分管理

花生苗期应适当控制水分，避免过多的水分导致植株徒长，使植株矮壮，节间短密。盛花期保持湿润，利于开花结荚；如长时间内无有效降水，应在花针期和结荚期及时浇水；后期注意清"三沟"、排积水，以防烂果。

（五）病虫草害防治

1.病虫害防治

花生全生育期都会受到虫害为害，苗期一般以蛴螬、小地老虎、蓟马、蚜虫为多，中后期以斜纹夜蛾、卷叶虫、红黄蜘蛛、叶蝉等为主，成熟期一般为蛴螬、小地老虎等地下害虫。防治蛴螬、小地老虎等地下害虫，除播种期药剂拌种外，也可喷杀，方法是每亩用40%辛硫磷乳油800倍液于傍晚全畦喷杀；防治蓟马、蚜虫、叶蝉可分别用20%丁硫克百威乳油1 500倍液、10%吡虫啉可湿性粉剂1 500倍液喷杀；卷叶虫、斜纹夜蛾可用高效氯氟氰菊酯水乳剂2 500倍液、5%氟虫腈悬浮剂3 000倍液等农药于傍晚时喷杀。

茎腐病、根腐病、白绢病可用75%百菌清可湿性粉剂500倍液、50%多菌灵可湿性粉剂800倍液、70%甲基硫菌灵1 000倍液进行粗水喷淋，而叶斑病则选择上述药剂进行叶片正反面均匀喷雾，隔10天使用1次，轮换使用，共喷施2~3次。

2. 草害防控

播种后3天内，进行芽前除草（可用异丙甲草胺、乙草胺、精异丙甲草胺等），采用芽前除草剂均匀喷施于土表和垄沟，结合花生齐苗后清棵炼苗前、大批果针入土前二次中耕进行除草，田间杂草旺长期可喷施1次芽后除草剂（精喹禾灵+氟磺胺草醚），可有效防除单子叶杂草和双子叶阔叶杂草。

（六）适时收获

花生一般顶端2~3片复叶明显变小，茎叶转色偏黄，70%以上地下荚果果壳变硬，网纹清晰，荚果内海绵层收缩并有黑褐色光泽，籽粒饱满时，选晴天及时采收。

三、晚稻栽培技术

（一）品种选择

选择通过国家或省品种审定或引种备案，生育期在110天左右，米质要求达到标准三级以上的优质品种。

（二）种子准备

手工栽插：常规稻亩大田用种量2.5~3.0千克，杂交稻用种量1.0~1.5千克；抛秧：常规稻亩大田用种量3.0~3.5千克，杂交稻用种量1.5~2.0千克。

（三）秧田准备

选择地势平坦、排灌方便，土壤熟化且肥沃的田块。湿润育秧按秧田与大田比1：10留足秧田；抛秧按秧田与大田比1：25留足秧田。

湿润育秧每亩秧田施足腐熟的农家肥或绿肥，复合肥（N-P$_2$O$_5$-K$_2$O　15-15-15）20~25千克作基肥；抛秧每亩施复合肥（N-P$_2$O$_5$-K$_2$O　15-15-15）10~12.5千克作基肥。

（四）秧田管理

播种后保持床土湿润不发白，晴好天气灌满沟水，阴雨天气排干水，施肥、打药时灌平沟水。湿润育秧在2叶1心时追施尿素和氯化钾各2.0~3.0千克作"断奶肥"，薄水上畦，以后保持浅水层，移栽前3~5天追施尿素5千克左右作"送嫁肥"，移栽前3~4天排干水，控湿炼苗。抛秧育秧秧苗不卷叶不灌水，卷叶则灌平沟水湿润，抛秧前3~4天必须排干水。

（五）移栽

1. 秧龄

湿润育秧秧龄不超过25天；抛秧20天左右。

2. 密度

每亩1.8万~1.9万穴，常规稻每穴4~5粒谷苗，杂交稻每穴2~3粒谷苗。人工插秧宽行窄株种植，行距25.0厘米，株距13.3~16.7厘米，要求行直、穴匀、棵准。

（六）大田管理

1. 水分管理

移栽返青期保持浅水层3~4厘米，分蘖期湿润灌溉，多次轻露、苗数达到计划穗数的80%时晒田，采取多次轻晒，每次晒田达到田边开鸡爪裂，田中不陷脚。穗期分化至灌浆期保持浅水层，成熟期间歇灌溉、干湿交替，收获前7天断水。

2. 科学施肥

施肥原则：氮、磷、钾配合施用，春花生-水稻轮作模式可适当减少氮肥施用量，每亩施肥总量为施纯氮（N）10～12千克、磷（P_2O_5）6～7千克、钾（K_2O）10～12千克。氮肥基肥、蘖肥、穗肥的比例以5：2：3为宜，磷肥全部作基肥，钾肥按基肥：穗肥为7：3施用。分蘖肥在移栽后5～7天施用，结合化学除草；穗肥在倒2叶露尖期施用。

3. 病虫害防治

贯彻"预防为主，综合防治"的植保方针，优先采用农业防控、理化防控、生物防治等病虫害绿色综合防控技术措施，在上述措施达不到防控指标时，采用化学防控，应选用高效低毒低残留农药，严格控制化学农药使用量和安全间隔期，并注意合理混用、轮换、交替用药。

分蘖盛期至孕穗期注意防治纹枯病、稻瘟病，抽穗灌浆期主防纹枯病、稻瘟病、稻纵卷叶螟和二化螟，注意防治稻飞虱。具体防治方法：纹枯病可选用井冈霉素进行防治；稻瘟病可选用75%三环唑可湿性粉剂进行防治；稻纵卷叶螟和二化螟可用3.2%阿维菌素乳油，或40%丙溴·辛硫磷乳油，或40%毒死蜱乳油进行防治；稻飞虱可用25%噻嗪·异丙威可湿性粉剂，或25%噻嗪酮可湿性粉剂。

（七）收获

成熟度达到95%时及时收获。应选择性能优良的收割机在叶面无露水或水珠时进行收割。

第八节 高粱–油菜周年绿色高效生产技术

　　高粱–油菜周年绿色高效生产技术是一种旱地药肥双减新型种植模式，具有较高的经济效益和生态效益。采用直播高粱和撒播油菜周年循环，实现全年高产增效。油菜是"油瓶子"的重要来源，其秸秆和菜籽饼粕均可用于还田养地，用地养地相结合，防止土壤肥力下降。油菜根系具有活化、利用土壤中难溶性磷的特性，作物吸磷量较高。高粱基地经过长时间的油菜轮作，不仅可以有效地降低病虫害的发生率，同时还能提高土壤有机质含量，提升高粱原料品质。油菜特有的硫苷具有熏蒸功效，还可有效减轻病虫害，减少农药的施用量。高粱–油菜周年绿色高效生产技术在旱地种植区实现土壤的轮作生产，增加油菜种植面积，既能提高油菜和高粱总产量，又能减少化肥和农药施用量，具有较高的经济效益和生态效益。

一、高粱轻简直播技术

（一）品种选择

　　由于直播与育苗移栽相比通常株高会有所增高，所以直播高粱在品种选择上首先要考虑品种的抗倒伏能力。此外，直播对高粱品种的顶土力要求也更高，顶土力的好坏直接影响出苗率，应选择顶土力强的品种。推荐中晚熟品种红缨子或中早熟品种红粱丰1号等产量高、品质好、顶土力强的品种。

（二）适期播种

1. 整地

高粱春播前先翻耕土壤，把地面平整，保证田间无大块土壤、无杂草，厢面拉绳开沟后进行穴播，沟深度不能太深，一般5厘米左右。

2. 种子处理

播种前，采用晒种、浸种等方式处理种子。晒种的好处：一是杀菌，种子经过太阳晒，紫外线可以杀死种子表面的部分病菌，减少高粱病害的发生；二是晒种子后种子内部的含水量降低，种子晒干后其吸水能力增强，待其播种到土壤里时能够更好地吸收土壤中的水分；三是晒种后可以提高种子的发芽率和发芽势。浸种可以用清石灰水、高锰酸钾溶液、双氧水等任何一种具有杀菌能力的溶液对种子进行浸泡消毒，如果上述溶液不好买，也可以自己烧热水，温度控制在55℃左右，用热水浸泡种子也可以，只是效果稍微差些，但是胜在方便。浸泡时间2个小时左右。通过浸泡后的种子膨大，种皮变薄，出芽快、带菌少、携带的虫卵也少，通过浸泡种子也可以减少部分病虫害的发生。

3. 播种

株距25～30厘米，行距70～80厘米，一窝播种量约6颗。

（三）合理施肥

重施底肥，底肥一般使用复合肥，施肥量20～30千克/亩，施肥应使用穴放，并避免种子和肥料接触或间隔太近。第2次施肥在拔节期，亩施尿素15～20千克。第3次施肥在孕穗期，亩施10～15千克的尿素和适量钾肥。

（四）田间管理

1. 间苗定苗

高粱苗长到3～4叶龄时进行间苗匀苗，一窝留健康、生长一致的高粱苗3株；待高粱苗长到5～6叶龄时进行定苗，一窝留长势好的高粱苗2株，密度控制在7 500～10 000株/亩。

2. 病虫害防治

高粱的病虫害防治以预防为主，防治结合。贵州地区高粱常见的叶部病害主要是紫斑病、靶斑病、炭疽病等，都属于真菌性病害，均是为害高粱叶片。可以通过农业措施来降低病害发生，主要措施有采用宽窄行种植或者套作矮秆植物等，及时拔除田间病株，减少田间病原数。非有机种植模式的田块可以采用化学药剂防治，可用于上述病害的药剂主要有多菌灵、百菌清等广谱性真菌杀菌剂。穗部病害主要是高粱丝黑穗病，该病是真菌性病害，通过种子和土壤传播。对于该病害主要采用轮作、种子消毒杀菌等方法来控制病害的发生，一旦高粱丝黑穗病发生，无法治愈，只能及时拔除病株，并让病株远离高粱种植地块。

地下害虫的为害以高粱苗期为主，为害症状主要是高粱苗倒折、枯死等，主要防治方法是用加有辛硫磷的复合肥作为底肥施入，可起到防止地下害虫为害的作用。

蚜虫在高粱整个生育期均可以为害，从下部叶片开始逐渐向上部叶片扩散。蚜虫主要在叶片背面刺吸高粱汁液。肉眼可见蚜虫，且为害后叶片上有成片的蜜露，蚜虫为害后还容易引起霉变，造成高粱减产。主要防治方法有通过农业措施防治，改善田间小气候，增加湿度，控制蚜虫繁殖。非有机种植模式也可以通过喷施吡虫啉、菊酯类杀虫剂等化学药剂来防治蚜虫。

螟虫主要为害高粱叶片和高粱穗，为害高粱的螟虫主要有玉米螟、桃蛀螟、棉铃虫、黏虫等。螟虫虫害发生后容易导致高粱心叶被咬断无法抽穗、高粱穗部被咬断或者蛀穗导致籽粒破碎霉变等。对于螟虫的防治主要有生物防治和化学防治，生物防治主要是通过生物制剂如白菌僵、印楝素等和杀虫灯、杀虫板诱杀。化学防治主要采用辛硫磷乳油、甲氰菊酯乳油、溴氰菊酯乳油等药剂。

（五）收获与秸秆还田

高粱进入成熟期，高粱穗基部籽粒变硬，灌浆结束时收获效果最佳，人工收获后及时晾晒脱粒以免发霉。机器收割推荐采用江苏沃得农业机械生产的4LZ-5.0MAQ，装配厚德4LZ-6割台，效果好、速度快，机收高粱籽粒的同时，可对田间秸秆进行粉碎还田。

二、油菜轻简高效栽培技术

（一）品种选择

选用近5年国家或省级审定的双低油菜新品种。选择产量高、菌核病抗（耐）病性强，抗倒性好，株高适中，生长势强，易攻早发的早熟或偏早熟品种，特早熟品种能够提早收获7～10天，为高粱种植腾出更多的时间，推荐品种如早油18等。

（二）适期播种

1.整地

高粱收割后，及时深耕整地，整地效果达到田间地面平整、无大块土壤、无杂草等。

2. 播种

油菜播种时间宜在9月下旬至10月上旬，提倡适期早播提高油菜产量。采用旋耕机浅旋后人工撒播轻简技术。

（三）合理施肥

重施底肥，后期看苗施肥。底肥使用油菜专用配方复合肥或缓控释肥30～40千克/亩，另加施1千克硼砂，保证油菜不缺硼肥。为防止花而不实，可在初花期每亩用50克硼肥兑50千克水喷施，或在初花期叶面喷施速效硼、杀菌剂、磷酸二氢钾，促进油菜后期生长发育，防花而不实、菌核病，确保油菜高产稳产。

（四）田间管理

1. 杂草综合防控

充分利用精细整地和作物秸秆粉碎后还田进行杂草防控。

2. 病虫害防治

在产区影响较大的油菜病虫害主要有菌核病、跳甲、蚜虫和菜青虫。冬前主要防治虫害，花期防治菌核病。亩用90%灭多威可溶粉剂10克防杀跳甲，亩用10%吡虫啉可湿性粉剂10～15克防治蚜虫，防治菜青虫可用5%氯氰·吡虫啉乳油等药剂。初花期用40%菌核净可湿性粉剂防治菌核病1次，7～10天后再防治1次，从下向上喷雾油菜中下部叶片。

（五）收获与秸秆还田

油菜在全田95%以上角果黄熟后，采用人工、一次性或分段收获，秸秆粉碎还田，菜籽榨油，菜籽饼还田用作高粱基肥。

第九节 甘薯-油菜绿色高质高效轮作生产技术

甘薯-油菜绿色高质高效轮作生产技术创新集成了优质高产甘薯-油菜周年品种搭配，以及配套的周年肥水耦合管理、合理密植、增施有机肥与化肥减施增效、病虫草害协调防治与绿色防控、防涝抗渍、防旱抗旱、秸秆还田与提升地力、机械化生产等关键核心技术，在全年只种一茬甘薯的土地上实现甘薯-油菜绿色高质高效轮作，不仅提高了旱地复种指数，避免了每年只种一茬甘薯浪费土地及光温资源，还有效克服了传统的"一年一茬甘薯"种植模式连作障碍严重、病虫害加剧等问题，同时达到了油菜养地改善土壤微环境、化肥农药减施增效、产量品质提升、用地养地相结合、增收节支绿色可持续的成效，特别是增产了一茬油菜、扩大了油菜种植面积，实现了粮、油增产增效，破解了旱地抛荒的难题，达到了旱地单位面积综合效益和农产品市场竞争力的双重提高。

一、产地环境

应选择土质疏松的沙性土或者砂壤土，耕作层厚25厘米以上，排灌水方便。

二、甘薯栽培技术

（一）品种选择

宜选用早熟、优质、高产、商品性好的品种。

（二）育苗管理

1. 种薯选择

皮色、肉色和薯形具有本品种特征，无病斑、无畸形、基本无虫疤的脱毒健康薯块。

2. 苗床准备

大棚施1 000千克/亩有机肥，深翻耙碎床土，整平后开沟作畦，畦连沟宽1.2～2.0米，床面0.8～1.2米，沟宽30厘米，畦高15～25厘米。排水条件好的大棚，畦高15～20厘米；排水条件差的苗床，畦高20～25厘米。

3. 下田排种

3月中旬排种。苗床准备就绪后，扒开畦面表土5厘米，把种薯倒在畦面上，薯块平放，整齐排成行，大薯放中间，小薯放边上，薯块上齐下不齐，薯块之间及行距间隔3～5厘米，苗床两边薯块对齐。大棚空间宽余时，可适当排稀，相反可适当排密。

4. 排种后管理

种薯排好后，薯块表面覆盖疏松土壤1～2厘米，用10～30℃温水把床土浇透，使床土湿润。盖上地膜，加盖小拱棚。检查大棚密闭情况，确保不漏风。要求苗床5～10厘米的土壤温度保持10℃以上，晴天能上升到20℃以上。

5. 苗期管理

出苗前苗床土壤保持湿润，当薯块有60%出苗时，应及时揭掉地膜；苗长10厘米左右时，亩撒施复合肥15千克，施肥后浇水。气温达到20℃时，晴天打开小拱棚膜，打开大棚两端通风，保持大棚内温度25～30℃。小水勤浇，保持土壤湿润，浇水结合通风，保持床土见干见湿。

（1）揭膜炼苗。

种苗长度25厘米时，夜间应打开大棚通风炼苗1~2天，控制床土水分。

（2）薯苗采收。

种苗长25~30厘米时，可以开始采苗。在薯苗基部上方2节处剪取，至少留一片叶。剪苗时以剪刀不碰到泥土为宜。采下的种苗标准为20~25厘米长、带顶芽5~7个完整叶片。

（3）苗床施肥。

每采一次苗，应施肥浇水一次，苗叶上没露水时，亩撒施尿素5.0~7.5千克，追肥后立即浇水。

（三）移栽管理

1. 田块选择

宜选择无重大病虫发生、排灌方便的田块。

（1）整地、施肥。

冬季开沟排水，深翻土壤。栽种前选择晴天旋耕整平田块。根据土壤肥力水平合理施肥，有机肥应符合NY/T 525—2021的要求，施肥方法应按NY/T 496—2010的规定执行。在中等肥力土壤，每亩混合商品有机肥100千克、高硫酸钾型三元复合肥（N∶P∶K=17∶17∶17）30千克、硫酸钾7.5千克作基肥，垄底条施或者垄底撒施，一次性施用。

（2）起垄。

单垄单行种植，垄连沟距80厘米，垄高25~30厘米；大垄双行种植，垄连沟距1.2~1.4米，垄面40厘米，垄高40厘米。

2. 大田移栽

（1）栽插时间。

第一季栽种时间为6月上旬至7月上旬，以阴雨天土壤较湿润时进行为宜。

（2）栽插方法。

水（斜）平栽插。栽插时先在垄面开4厘米深的浅沟，将薯苗水平放入沟中3～4个节，盖土压紧后外露2～3个节，使叶片多数在土外。单垄单行栽插，株距17厘米；大垄双行栽插，行距20厘米、株距19厘米，密度为每亩5 000～5 500株。

（3）查苗补苗。

栽插后一周内，及时查苗补苗。补苗应选用壮苗，在阴雨天或晴天午后进行。补苗栽插后遇晴天浇水。

（4）肥料管理。

栽插后30～40天，苗势过旺田块，可结合中耕除草每亩补施硫酸钾7.5千克。

（四）病虫草害防治

1. 主要病虫草害

主要病害有黑斑病、茎腐病、病毒病、软腐病等；主要害虫有小地老虎、蛴螬、小象甲、甘薯麦蛾、斜纹夜蛾等。

2. 防治原则

遵循"预防为主，综合防治"的植保方针，优先采用农业防治、物理防治、生物防治等技术，合理使用高效、低毒、低残留的化学农药，将有害生物危害控制在最小程度。

3. 防治方法

种薯种苗调运，应加强检疫，防止危险性有害生物带入。

建立无病留种地，选用脱毒种薯种苗。

（1）物理防治。

应用杀虫灯诱杀害虫，或采用银黑地膜、防虫网趋避害虫。

（2）生物防治。

利用苏云金杆菌、苦参碱、白僵菌等生物制剂防治病虫害。

（3）化学防治。

根据防治对象，合理选用高效、低毒、低残留农药，优先使用植物源农药、动物源农药、微生物源农药及矿物源农药。农药使用方法应符合GB/T 8321.10—2018、NY/T 393—2020和NY/T 1276—2007的规定执行。

（4）人工除草。

活棵后至封垄，根据田间杂草情况，人工除草1～2次。

（五）收获

收获时间从9月底至10月上旬。收获前一天割去藤蔓，早上挖出薯块，在太阳下晒半天，下午收进纸箱或者周转箱，运到仓库，分品种堆放。用作种薯的应在10月底收获，应轻挖、轻装、轻运、轻卸，防止薯皮碰伤。避免在雨天和土壤太湿时收获。

（六）储藏

收获的薯块，需要储藏较长时间。薯块入库前，储藏库应清扫消毒，剔除带病、破伤、受水浸、受冻害的薯块。按品种、规格分别堆码，应保证有足够的散热间距，库温度控制在11～14℃、相对湿度以85%～90%为宜。

三、油菜机械化生产技术

（一）品种选择

选用高产、优质和多抗的双低油菜品种。如浔油10号、赣油杂9号、中油杂19号、大地199等优质高产品种。

（二）播前准备

1. 田块准备

根据前茬甘薯成熟进程、土壤保水能力和天气情况，准备田块。

2. 种子准备

种子播前用种衣剂进行种子包衣，一般可有效防治冬前各种病虫害。

（三）播种、施肥

1. 播种期

赣北地区宜9月下旬至10月上旬播种。

2. 播种量

采用油菜联合播种机或油麦多功能播种机，一次性完成浅耕、施肥、播种、覆土和开沟等各个环节，每亩播种量为250～300克；或采用免耕直播方式，先人工施肥、播种，再用手扶拖拉机配套或大型拖拉机配套的开沟机开沟，每亩播种量为300～350克。每亩密度达到2.5万株以上。

3. 基肥

基肥按每亩复合肥35～40千克（45%的三元复合肥）、尿素5千克、颗粒硼肥0.60～0.75千克混匀后撒施，或每亩施用油菜缓释专用肥宜施壮30～50千克（N 25%、P_2O_5 7%、K_2O 8%）。

（四）苗期管理

1. 开沟

播种时开好"三沟"，畦宽2米，沟深25厘米，每块田四周开围沟，围沟、腰沟深30厘米。播后及时清沟理墒，保持"三沟"畅通，降渍防渍。

2. 芽前除草

播种后3天内，用50%乙草胺乳油进行封闭除草。

3. 苗期追肥

根据苗势，每亩追施尿素5～6千克，施用油菜专用缓释肥的可不追肥。

4. 苗期除草

油菜4～5叶期防除单子叶杂草，可选用12%烯草酮乳油、10%精喹禾灵乳油等；油菜5～6叶期防除双子叶杂草，可选用30%二氯吡啶酸水剂、17.5%精喹·草除灵乳油等。

5. 苗期害虫防治

苗期根据虫害发生情况，及时防治菜青虫、蚜虫、猿叶虫，使用低毒杀虫剂，参照产品使用说明使用。

（五）薹期管理

1. 追施薹肥

油菜抽薹时，根据前期施肥和苗势情况，雨前或晴天露水干后，每亩追施尿素5～6千克、氯化钾3～3.5千克。叶面喷施速效硼肥，每亩可用100～150克兑水15～30千克喷在叶上，以防花而不实。

2. 防治菌核病

盛花期选择晴朗微风天，采用无人机喷药防治菌核病，可选用50%异菌脲可湿性粉剂1 500倍液，或40%菌核净可湿性粉剂800～1 000倍液、40%菌核净·多菌灵可湿性粉剂83～125克/亩等，兑水50～60千克喷雾防治。

（六）收获储藏

1. 机收

当全田80%的角果果皮呈黄绿色、主轴基部角果呈枇杷色、种皮呈黑褐色时，为适宜收获期。采用无人机每亩用"立收油"干燥剂80～100毫米脱水干燥，5～7天后采用联合收割机一次性收获。

2. 干燥、入库

收获后，晒干或烘干收获的菜籽，当菜籽含水量在9%以下时可装袋入库。

第十节　冬马铃薯–夏大豆栽培技术

冬马铃薯—夏大豆栽培技术的推广应用，不仅茬口衔接时间宽裕，而且可以培肥地力改善土壤条件，大幅度减少马铃薯、大豆病害的发生，减少化肥农药的施用量，利于生产出更加安全的农副产品，很好地调节生态环境，这对促进马铃薯、大豆产业健康可持续发展，保障我国粮食安全和促进农业种植业结构调整，具有重要的现实意义。该技术适用于江西全省马铃薯、夏大豆两熟制生产区域。

一、茬口安排

冬作马铃薯在赣南、赣中无霜期长的地区12月中下旬播种，赣北、赣东北等地区12月下旬至次年2月上旬播种；4月下旬至5月中旬收获。夏大豆播种期为5月下旬或6月上旬，9月下旬至10月上旬收获。

二、抗病品种选择

冬马铃薯选用早熟或早中熟高产优质抗病马铃薯品种，夏大豆选择高产、优质、早中熟、抗倒、抗病品种。

三、选地整地

选取地下水位较低、排灌便利、肥力良好的田块。马铃薯施肥宜有机肥与无机肥结合，减少复合肥用量，增加有机肥用量；结合耕地马铃薯田每亩施商品有机肥（N、P、K总量5%、有机质45%）250~300千克、硫酸钾型复合肥（17-17-17）70~80千克、硫酸锌1.2千克、硼肥1千克；结合耕地夏大豆每亩施45%的三元复合肥20~25千克。12月上旬冬马铃薯播种前田块深翻25厘米，后进行旋耕，做到土碎地平；开厢起垄，单垄双行栽培方式（图4-1），垄宽

图4-1　机械整地单垄双行栽培方式

80～90厘米、垄高20～30厘米、沟宽30厘米；单垄单行栽培方式，垄宽50～60厘米、垄高20～30厘米，沟宽30厘米。次年5月中旬冬马铃薯收获后深翻25厘米左右，5月中下旬大豆播种前旋耕起垄。

四、用种要求

马铃薯种薯切块（图4-2），每个薯块留1～2个芽眼，质量30～50克；切好的薯块用中性滑石粉和防病虫药剂混合拌种消毒以促进刀口愈合，并可防治病害和地下虫害。大豆种子用消毒菌剂和钼酸铵（每0.5千克种子用1克钼酸铵）溶于40℃温水中，拌种均匀，晾干播种。

图4-2　马铃薯切块消毒

五、播种移栽

根据土壤肥力水平、品种特性、种子发芽率确定种植密度和播种量，规模化生产以机播为主，小面积生产采用机播或人工播种。冬马铃薯原种或一级种薯为150千克/亩，播种密度为4 500株/亩；单垄双行栽培时，播种行距30～40厘米，株距20～25厘米，播种深度8～10厘米；单垄单行栽培时，株距18～25厘米，播种深度8～10厘米；播种后覆土盖黑膜。夏大豆籽粒大的品种，种植密度2万～3万株/亩，播种量6千克/亩；植株矮小、分枝少、籽粒小的品种，种植密度3万~5万株/亩，播种量7.5千克/亩；机械或人工条播，一次性完成旋耕起畦、开沟播种、覆土镇压，40厘米等行距播种，播种深度3~5厘米，覆土厚度均匀一致。

六、肥水管理

开好"厢沟、中沟、围沟"，做到"三沟"相连畅通，防渍排涝。冬马铃薯机播需在覆膜面上覆盖2厘米厚碎土，出苗后及时人工辅助破膜放苗；夏大豆出苗后及时查苗并移密补稀，严重缺苗的及时补种。冬马铃薯无膜栽培5~6叶期和现蕾期各中耕培土1次，覆膜栽培则做好清沟培土；夏大豆植株封行前，进行1次中耕培土，培土高度应超过子叶节。冬马铃薯块茎膨大期，每亩追施10千克硫酸钾型复合肥（17-17-17），10千克尿素；薯块膨大期叶面喷施2~3次0.3%磷酸二氢钾与0.05%硼砂混合液30千克/亩，每次间隔7~10天；夏大豆苗期，每亩追施5千克尿素、10千克氯化钾；花荚期喷施1~2次0.2%~0.3%硼酸、0.3%磷酸二氢钾、1%~2%尿素混合液25千克/亩，每次间隔7~10天。冬马铃薯结薯期和夏大豆开花鼓粒期，视苗情分别喷施矮壮素等生长调节剂，谨防马铃薯、大豆疯长徒长枝。

七、病虫害防治

冬马铃薯、夏大豆无膜栽培播种后即刻进行封闭防草，苗期用专用除草剂防治杂草；覆膜栽培不需要防草。冬马铃薯主要有晚疫病、早疫病两种重要病害，现蕾前7天左右还未出现病害时开始预防，连续防治3~4次，间隔7~10天；夏大豆重点防治大豆根腐病、炭疽病两种病害，从发病初期开始，防治2～3次，间隔7～10天；注意轮换使用不同的药剂。冬马铃薯地上害虫重点防治蚜虫、二十八星瓢虫、块茎蛾，地下部害虫重点防治地老虎、蛴螬、金针虫、蝼蛄等；夏大豆重点防治蚜虫、斜纹夜蛾、菜青虫、豆荚螟，苗期，当百株蚜量达500头时，开始防治，开花期主要防治斜纹夜蛾、菜青虫等食叶性害虫，结荚鼓粒期，主要防治豆荚螟。

八、收获与储藏

冬马铃薯植株90%茎叶由绿转黄时，块茎成熟，选择晴好天气适时机械或人工收获，及时低温储藏；如遇市场价格好，冬马铃薯可提早收获上市。夏大豆适时收获期为叶片正常落黄、豆荚呈品种固有颜色、植株95%豆荚籽粒归圆时，抢晴收获；人工收获在大豆黄熟末期进行，机械收获适当推迟；收获晾晒或烘干籽粒含水量降至13%后，装袋于通风处储藏。

第十一节　早稻－向日葵水旱轮作技术

一、茬口安排

同一自然年、同一块田内种植早稻自然成熟收获后种植向日葵的茬口安排方式如下。

（1）早稻种植宜采用直播、机插和抛栽3种方式。直播在4月上中旬进行，适宜浙南地区实施；机插、抛栽早稻在3月上中旬播种，保温育苗，4月初机插、抛栽，7月底前收获。

（2）向日葵8月上旬播种，9月底至10月初盛花，11月上旬收获。

二、早稻栽培技术

（一）品种选择

选择苗期耐寒性好、综合抗性好、稳产好的中早熟品种。

（二）播前准备

1. 用种量

每亩直播5~6千克，机插4千克，抛秧4~5千克。播种前，利用晴天，适当晒种1~2天。

2. 种子处理

种子可选择氰烯菌酯、咪鲜胺、甲霜·噁霉灵等浸种，把浸种药剂倒入清水中搅拌均匀，倒入干种子后搅拌均匀，常温下浸种2~3天，浸种完成后沥干水分后催芽。

（三）播种

1. 直播

催芽后直接播种。

2. 机插

采用机插盘育秧，每个秧盘播种量125克，播种前用41%种菌唑种子处理悬浮剂浸种处理，待种子露白后上育秧流水线，宜采用叠盘暗出苗方法育苗，芽长至1.5厘米摆到大田育秧。

3. 抛秧

采用抛秧盘育秧，浸种后捞出冲洗后催芽。宜采用水稻专用育苗基质，播后每天浇水，保持基质湿润。

（四）种植方式

1. 直播

直播后及时封草处理，秧苗1叶1心前不灌水上秧板，保持沟中有水，出苗后保持畦面湿润，2叶1心期每亩用尿素12.5千克促早发。

2. 机插

秧龄22～25天，每亩插足1.8万丛，每丛3～4苗，每亩基本苗7万为宜。

3. 抛栽

秧龄4叶1心至5叶1心时抛栽大田。每亩抛足2.0万～2.2万丛。人工抛秧时，先将90%秧苗斜向上抛3米左右高，让秧苗自由落入田间定植，再将剩余的10%秧苗补稀补缺，每隔4米捡出1条0.33米宽的工作行，机器抛秧密度15厘米×20厘米左右，抛完后视情况人工补稀补缺。采用434孔的秧盘每亩抛足50～60盘，采用561孔的秧盘每亩抛足40～45盘。

（五）大田肥水管理

播插前施足基肥，每亩用复合肥20～25千克。机插、抛栽后，保持田间1厘米的浅水层，5～7天结合除草每亩施尿素7.5千克，第2次栽后15天左右每亩施尿素7.5千克；分蘖期保持田间2厘米的浅水层，让其自然落干，浅水湿润交替。每亩达到80%有效穗数时搁田，至田边有一指宽细裂时复水，干湿交替。缺肥田块可每亩施尿素3～5千克，穗肥以施钾肥为主。孕穗期、扬花期保持适当水层，黄熟后干湿交替，收获前7天断水。

三、向日葵栽培技术

（一）品种选择

选择抗性强、早熟的油用、观赏兼顾型向日葵品种。

（二）土地准备

深沟高畦，重施基肥。用起垄机起高畦（利于排涝），畦宽连单沟1.2～1.6米，沟深20～25厘米，东西畦为宜。每亩施复合肥40千克+磷酸二铵10千克或0.5吨有机肥作基肥。

（三）播种

8月上中旬选择土壤湿度利于种子萌发的时间播种，如遇干旱，宜采用"跑马水"的方式浸润土壤。选用饱满种子，以包衣种子为佳，穴播方式。播种深度3～4厘米，每穴2～3粒种子，株距45～50厘米，行距50厘米，播种后宜采用96%精异丙甲草胺乳油，或80%乙草胺可湿性粉剂进行田间封草。

（四）大田管理

1. 查（补）苗

播种后7～10天进行查苗、补苗。

2. 间（定）苗

2对真叶期间苗和定苗，每穴留1株健壮的苗，每亩定植2 800～3 200株。

3. 中耕、培土

定苗后7～8天进行苗期中耕，浅趟10厘米，不培土；封行前（株高20～40厘米）进行培土，培土至茎基部5～6厘米。

4. 肥水管理

追肥遵循适施氮肥、增施磷钾肥，宜在现蕾期-花期各追肥1~2次，苗期在6~7对叶片时，每亩用复合肥10~15千克+尿素5千克追肥，结合田间情况确定施肥次数，采用条施方式。花期-灌浆期叶面喷施0.2%~0.3%磷酸二氢钾溶液，间隔5~7天追喷施1次，能提高结实率。灌溉水符合GB 5084—2021《农田灌溉水质标准》，保持半干半湿为宜。苗期控水蹲苗，田间有积水应及时排水，现蕾到开花的20天如遇极端干旱及时灌溉补水。

5. 疏叶防衰

生育后期功能叶片转为中上部，下部叶片老化，需有选择性地清除老叶、病叶。

（五）病虫害防治

1. 防治原则

遵循"预防为主，综合防治"的植保方针，坚持以农业防治、物理防治、生物防治为主，化学防治为辅的原则。

2. 农业防治

选用抗病性强的品种，合理布局茬口，水旱轮作打破连作障碍等农艺措施，生产过程中及时清理田间病株并带出田间，集中处理。

3. 物理防治

（1）色板诱杀。

利用害虫对色彩的趋性诱杀，将黄板、蓝板悬挂于田间，诱杀潜叶蝇、蚜虫、蓟马等，每亩以30片为宜。

（2）性诱剂诱杀。

利用害虫对某些物质的趋性诱杀，斜纹夜蛾、螟虫、地老虎等害虫常发期在距离地面1.2～1.5米处悬挂性诱剂，不同害虫需选择不同诱芯，每亩悬挂6～8个。

（3）杀虫灯诱杀。

利用害虫的趋光性进行诱杀，采用太阳能杀虫灯在夜间特定时段诱杀害虫。

4. 生物防治

利用食蚜蝇、蜘蛛、瓢虫等捕食性天敌和赤眼蜂、丽蚜小蜂等寄生性天敌，利用农用链霉素、苏云金杆菌等微生物农药和苦参碱、烟碱等植物源农药进行防治。

5. 化学防治

严格按照GB/T 8321.10—2018的规定执行。选择低毒、高效、低残留农药，对症状用药，严控农药安全间隔期。

（六）收获

1. 早稻

田间85%以上成熟后选择晴天收获，收割后稻谷烘干至水分含量小于13.5%。

2. 向日葵

当植株茎秆变黄，中上部叶片为淡黄色，葵盘背面黄褐色，舌状花干枯或脱落，果皮坚硬即可收获。收获方式分为人工和机收2种，人工采收首先将葵盘收割下（割盘后将管状花序去掉），用木棍敲打葵盘正面脱粒，脱粒后晒干或烘干至水分小于12%。机收可采用半喂式水稻收割机，如水分较大，在收割过程中应及时辅助通畅输送带，收割后晴天晾晒2～3天。

第五章

油－油轮作技术

第一节　油菜-花生周年轮作技术

一、茬口安排

油菜-花生周年轮作是指在同一块田地上，一个自然年内依次种植冬油菜、夏花生两茬作物的一种模式。油菜应在10月上旬直播，次年5月上旬收获；花生应在5月中旬直播，9月下旬收获。

二、油菜栽培技术

（一）品种选择

选择生育期210天以内的优质油菜品种。

（二）整地播种

1. 选地整地

选择交通便利、土质肥沃、排灌方便、地势平缓的田块。播种前深翻土壤，按厢宽200厘米旋耕开沟起垄，分厢平整。如遇干旱天气，翻耕前应浇足底墒水，使土壤相对含水量在25%~35%。

2. 施基肥

每亩复合肥（N：P_2O_5：K_2O=15：15：15）40千克与1千克硼砂混合后，均匀撒施。

3. 播种

采用开沟+人工撒播（或机械喷播）方式直播，用种量0.2~0.3千克/亩，密度1.5万~2万株/亩。

（三）田间管理

1. 间苗与定苗

2~3叶期间苗1~2次，4~5叶期定苗。

2. 病虫害防治

主要病害为菌核病；主要虫害为蚜虫、菜青虫、猿叶虫、跳甲等，防治方法见表5-1。

表5-1 油菜常见病虫害及防治方法

病/虫害	防治时期及参数	用药参考
菌核病	初花期、盛花期	75%肟菌·戊唑醇水分散粒剂3 000倍液喷雾1~2次；50%多菌灵可湿性粉剂500倍液喷雾1~2次；40%菌核净可湿性粉剂800倍液喷雾1~2次
蚜虫	全生育期；油菜叶背面可见蚜虫时	10%吡虫啉可湿性粉剂2 500倍液喷雾；40%氧乐果乳油1500倍液喷雾；50%抗蚜威可湿性粉剂2 000~2 500倍液喷雾
菜青虫	苗期、抽薹期；油菜叶面可见幼虫时	2.5%敌杀死乳剂1 500~2 000倍液喷雾；2%阿维菌素乳油1 000~1 500倍液喷雾

（续表）

病/虫害	防治时期及参数	用药参考
猿叶虫、跳甲	幼苗期；可见成虫时	50%辛硫磷乳油1 000倍液喷雾；20%速灭杀丁2 500倍液喷雾

3.草害防治

播种后1～2天内，用有效成分96%精异丙甲草胺原药100毫升/亩兑水30千克进行芽前封闭除草；在油菜3～5叶期，对杂草为害较重的地块，选用12%烯草酮乳油60毫升/亩等除草剂进行防治。

（四）适时收获

全田2/3的角果呈黄色、角果内种皮呈黑褐色时，进行分段机收或人工收获；或全田90%以上的角果变黄、主枝顶端角果用手能轻易捏开、全株籽粒变色时，采用联合机收。

三、花生栽培技术

（一）品种选择

选用中早熟高产、优质高抗花生品种。

（二）播前准备

1.选种

播种前10天内剥壳，剔去暗黄粒、病虫粒、芽粒和破损粒，选用籽粒饱满、种皮色泽新鲜的籽仁作种子。

2.整地

前茬收割后，视土壤情况旋耕1～2次，做到地表平整、无残枝，按厢宽200厘米开沟起垄，分厢平整。

3. 施基肥

每亩复合肥（N∶P$_2$O$_5$∶K$_2$O=15∶15∶15）25千克与尿素3千克混合后，结合整地均匀撒施。

（三）播种

于5月中旬，按行株距33厘米×15厘米开沟穴播，每穴播种仁2粒，用种量10～15千克/亩。

（四）田间管理

1. 查苗补缺

出苗后7～10天，采用催芽补种的方式补苗。

2. 病虫害防治

花生主要病害为叶斑病、锈病、茎腐病、根腐病等；主要虫害为蛴螬、斜纹夜蛾、蚜虫等，防治方法见表5-2。

表5-2　花生常见病虫害及防治方法

病/虫害	防治时期及参数	用药参考
叶斑病	全生育期	50%多菌灵可湿性粉剂300倍液喷雾；50%甲基硫菌灵可湿性粉剂250～300倍液喷雾
锈病	全生育期	70%代森锰锌可湿性粉剂1 000倍液+15%三唑酮可湿性粉剂2 000倍液喷雾；用12%萎锈灵可湿性粉剂400～600倍液喷雾
茎腐病	全生育期	70%敌磺钠可溶粉剂800～1 000倍液喷雾；80%代森锰锌可湿性粉剂800倍液喷雾2～3次

（续表）

病/虫害	防治时期及参数	用药参考
根腐病	全生育期	80%乙蒜素乳油1 000倍液配合叶面肥叶面喷雾；70%甲基硫菌灵可湿性粉剂500～800倍液喷雾2～3次；85%三氯异氰尿酸可溶粉剂1 500倍液喷雾2～3次
蛴螬	下针期、结荚期	10%辛硫磷1千克或3%克百威颗粒剂2～3千克在根部撒施；50%氰戊敌百辛硫磷乳油1 000倍液灌墩
斜纹夜蛾	全生育期；花生叶面可见幼虫时	斜纹夜蛾病毒杀虫剂1 000倍液喷雾；1.8%阿维菌素乳油2 000倍液喷雾；10%吡虫啉可湿性粉剂1 500倍液喷雾
蚜虫	全生育期；花生叶背面可见蚜虫时	10%吡虫啉可湿性粉剂2 500倍液喷雾；40%氧乐果乳油1 500倍液喷雾；50%抗蚜威可湿性粉剂2 000～2 500倍液喷雾

3. 草害防治

芽前封草：花生播种后1～2天内，用有效成分96%精异丙甲草胺原药100毫升/亩兑水30千克进行封闭除草。前茬油菜自生苗防治：在花生出苗前，使用20%敌草快水剂200毫升/亩均匀喷雾，也可加入60%丁草胺乳油200毫升，既封又杀。团棵期除草：使用10%乙羧氟草醚乳油20毫升+240克/升甲咪唑烟酸水剂20～30克/亩均匀喷雾。

（五）适时收获

当植株顶端停止生长，叶片变黄，中下部叶片脱落，70%以上荚果果壳硬化、网纹清晰时，采用人工或机械收获，并及时干燥。

第二节　红壤旱地油菜-芝麻轮作技术

　　油菜、芝麻都是旱作物，对红壤旱地适应性较强。油菜作为培肥地力、轮作换茬的先锋作物，与生育期较短的芝麻轮作可充分利用冬闲旱地并有效减轻下茬芝麻的连作障碍，实现油菜、芝麻的节本增效、可持续生产。油菜-芝麻轮作技术对于增加红壤旱地油料产量，增加农民的经济效益，增加油料作物的种植面积，响应国家的供给侧结构性改革要求，保障区域食用油安全等具有重要的实际生产价值。

一、地块选择

　　选择土质疏松、地势较高、排水条件较好、2~3年内未种植过芝麻的地块。

二、品种选择

　　油菜选用高产、优质、多抗中晚熟品种，生育期200天以上，如中油杂19、赣油杂8号、大地199、阳光50等；芝麻选用丰产性好、抗病、耐旱的品种，如赣芝7号、赣芝9号、金黄麻、鄱阳黑等。

三、播前准备

（一）种子准备

　　油菜、芝麻每亩适宜播种量均为0.25~0.35千克，播种前晒种1~2天备用。油菜种子播种前用杀虫剂拌种、芝麻种子播种前用杀菌剂拌种，充分晾干至籽粒干燥分散不粘结即可播种。

（二）基肥准备

油菜每亩基施25～30千克复合肥（N、P_2O_5、K_2O各含15%）、硼砂（B_2O_3含量≥15%）0.5～0.6千克，或者一次性基施40～45千克油菜缓释专用肥（N、P_2O_5、K_2O各含25%-7%-8%）、硼砂（B_2O_3含量≥15%）0.5～0.6千克。芝麻每亩基施15～20千克复合肥、硼砂（B_2O_3含量≥15%）0.5～0.6千克。

（三）地块准备

油菜、芝麻播种前2～3天施基肥翻耕整地（油菜一体化播种机播种可省去整地环节），芝麻连续种植2～3年的地块，翻耕整地前每亩撒施生石灰80～100千克，可有效克服连作障碍。

四、播种

油菜采用人工撒播、条播或者机播（油菜机播可选择能够一次性完成旋耕灭茬、翻耕、播种、施肥、开沟、作畦、覆土，播种、施肥量可调及加装镇压装置的一体化播种机），播种时间于9月下旬至10月中旬。人工条播行距30～35厘米、机播行距20～25厘米，播种深度2厘米左右；芝麻采用人工播种，播种时间于5月下旬至6月上旬，均匀撒播或按行距30～35厘米条播，条播深度为2厘米左右。

五、开沟

播种后开好"三沟"，畦宽1.8～2.0米，沟深20厘米左右，沟宽25厘米左右。每地块四周开围沟，长度超过40米的地块每隔20米左右开一条腰沟，围沟、腰沟深25厘米左右。

六、田间管理

（一）草害防治

播种覆土后2～3天内，进行油菜、芝麻芽前封闭除草，每亩用50%的乙草胺乳油100～150毫升或72%异丙甲草胺乳油100～200毫升兑水35～40千克，均匀喷于畦面。油菜3～5叶期防治禾本科杂草，每亩使用108克/升高效氟吡甲禾灵乳油20～30毫升，或15%精喹禾灵乳油20～30毫升兑水30～40千克对杂草茎叶喷雾。对于阔叶杂草为主或两种草害均较重的田块于油菜5叶期后防治：阔叶杂草为主的田块，每亩用50%草除灵悬浮剂30～40毫升兑水30～40千克对杂草茎叶喷雾；对于禾、阔两种草害均较重的田块，每亩用17.5%精喹·草除灵乳油100～150毫升兑水30～40千克对杂草茎叶喷雾。

芝麻主要防治禾本科杂草，2～3叶期每亩用15%精喹禾灵乳油20～30毫升兑水30～40千克对杂草茎叶喷雾。

（二）病虫害防治

油菜主要虫害菜青虫、跳甲、蚜虫等，每亩用10%高效氯氰菊酯乳油20毫升，或30%敌百虫乳油100～200毫升，兑水30～40千克喷雾1～2次防治菜青虫、跳甲等；每亩用10%吡虫啉可湿性粉剂10～15克，或40%乐果乳油30毫升，兑水30～40千克喷雾防治蚜虫。

油菜主要病害菌核病，于初花期和盛花期，每亩用50%多菌灵可湿性粉剂150克，或70%甲基硫菌灵可湿性粉剂60克，兑水30~40千克喷雾。

芝麻主要虫害有地老虎、蚜虫、菜青虫、螟蛾和天蛾等，每亩用5%毒死蜱颗粒约2千克均匀施于土壤防治地老虎；用40%氧乐果乳油800~1 000倍药液喷施芝麻茎叶防治蚜虫和菜青虫；用1%甲氨基阿维菌素苯甲酸盐乳油800~1 000倍药液喷施防治螟蛾和天蛾等。

芝麻主要病害青枯病、茎点枯病，苗期至花期用20%噻菌铜悬浮剂500倍药液进行喷雾，每隔10天喷施1次至病情缓解，防治青枯病；盛花期至成熟期用52%氯尿·硫酸铜可溶粉剂800倍液喷雾，每隔10天喷施1次至病情缓解，防治青枯病和茎点枯病。

（三）定苗

油菜3~4叶期，查苗定苗（图5-1）、间密补稀，定植密度为40~50株/米^2；芝麻2~3叶期定苗，定植密度为18~22株/米^2。

图5-1 油菜苗期

（四）追肥

油菜5~6叶期每亩追施尿素（氮含量46%）和复合肥各8~10千克（基施油菜缓释专用肥的可不追肥）；芝麻初花期每亩追施尿素和氯化钾（含K_2O量60%）各5~6千克。

七、适时收获

油菜2/3角果呈黄色、荚果内种皮呈黑褐色时，可进行分段机收；若采用联合机收，则应视天气情况推迟7~10天；收割留茬40厘米左右（图5-2），机械收获油菜秸秆切碎全量还田。芝麻植株变成黄绿色、种皮呈黑褐色、下部有蒴果轻微炸裂时，应该趁早、晚收获，避开中午高温或者强阳光暴晒，人工收割，留茬30厘米左右，20株左右捆绑成一把后根部朝下竖堆成中空圆锥形晾晒。

图5-2　油菜机械收获

第三节 红壤旱地油菜-花生-芝麻
周年轮作技术

油菜-花生-芝麻周年轮作技术是指在同一地块上，一个自然年内依次轮作种植油菜、花生、芝麻三茬油料作物的方式。该技术应选取有一定浇灌条件的红壤旱地。

一、品种选择与种子要求

（一）油菜

选用能在4月25日前成熟，冬播全生育期<185天、产量潜力>100千克/亩的双低优质短生育期油菜品种，种子用量0.35～0.4千克/亩。

（二）花生

选用能在8月15日前成熟，春播全生育期<115天、产量潜力>200千克/亩的耐旱、耐高温早熟花生品种。花生仁种子用量为10～15千克/亩。

（三）芝麻

选用能在10月15日前成熟，秋播全生育<70天的优质抗逆性强芝麻品种。种子用量0.3～0.5千克/亩。

二、茬口衔接与播种

（一）油菜

前一周年的秋芝麻茬后，本周年的冬油菜在10月15—20日机械旋耕整地直播，确保油菜密度每亩不低于2万株，于次年4月25—30日机械收获并碎秸秆还田。

（二）花生

冬油菜茬后及时机械耕耙整地，春花生在4月25—30日条直播种，行距30～35厘米，株距8～10厘米，确保花生密度每亩不低于2万棵，于8月10—15日收获。

（三）芝麻

春花生收获前3～7天免耕撒套播秋芝麻，撒套播时间在8月5—10日，确保芝麻密度每亩1.4万～1.6万株，秋芝麻于10月15—20日成熟收获。

三、肥料管理

（一）油菜

施肥用量为：每亩N10～11千克、P_2O_5 4～5千克、K_2O 5～6千克、硼砂1.0千克，分2次施用。第1次施用是结合机械整地播种撒或条基施70%的N和70%的K_2O、100%的P_2O_5和硼砂；第2次施用是于次年元旦前后追施剩下的30%的N和30%的K_2O。

（二）花生

施肥用量为：每亩N6～7千克、P_2O_5 5～6千克、K_2O 8～9千克，分2次施用。第1次施用是结合机械整地撒基施70%的N和70%的K_2O、100%的P_2O_5；第2次施用是于花生初花期追施剩下的30%的N和30%的K_2O。

（三）芝麻

施肥用量为：每亩N5～6千克、$P_2O_5$3～4千克、K_2O 6～7千克，分2次施用。第1次施用是结合撒套播芝麻时，把肥料与芝麻种子混合条基施70%的N和70%的K_2O、100%的P_2O_5；第2次施用是于芝麻花蕾初期追施剩下的30%的N和30%的K_2O。

四、水分管理

（一）油菜

播种后及时清通"三沟"，排积水防渍。

（二）花生

播种后及时清通"三沟"，排积水防渍，后期防旱，特别是收获前7天，如墒情不好，应浇灌1次，便于撒套播秋芝麻有墒情出苗和花生人工拔收。

（三）芝麻

生育期间根据天气干旱情况进行1～2次的浇灌，每次浇灌到畦面湿润为止。

五、病虫草害防控

（一）油菜

播种后2天内，每亩用50%乙草胺乳油60～80毫升，兑水40～50升，均匀喷于畦面进行芽前封草；3～5叶期视田间杂草生长情况分别进行药剂防控。

（二）花生

播种后2天内，每亩用81.5%乙草胺乳油80～100毫升，兑水40～50升，均匀喷于畦面进行芽前封草；2～3叶期视田间杂草生长情况分别进行药剂防控。

（三）芝麻

播种后2天内，每亩用50%乙草胺乳油100～150毫升，兑水30～40升，均匀喷于畦面进行芽前封草；苗期至花蕾初期视田间杂草生长情况分别进行药剂防控。

六、及时收获

（一）油菜

4月25—30日，当油菜全田2/3呈黄色、角果内种皮呈黑褐色时，避开下雨天气，机械一次性收获并碎秸秆全量还田。

（二）花生

8月10—15日，当花生植株下部叶片呈枯黄或者掉叶、地下荚果70%的果壳坚硬、剥后种皮呈现固有颜色时，即宜人工拔收。

（三）芝麻

10月15—20日，当芝麻植株中下部叶片脱落、上部叶片呈青黄色、上部蒴果籽粒饱满、中部蒴果种子呈固有颜色时，应及时人工收获。

第六章　粮油作物与其他农作物的
轮作技术

第一节　大棚番茄-玉米轮作技术

大棚番茄是浙江省温州市苍南县农业主导产业，近年来，苍南县开展新一轮农作制度创新，大力推广大棚番茄-玉米粮经轮作种植模式，它不仅缓解粮菜争地矛盾、稳定粮食生产、保证粮菜的协调发展，又增加了农户的种植效益。

一、茬口安排

该种植模式番茄于8月中旬播种育苗，9月下旬至10月上旬定植，次年1月下旬至4月下旬收获；玉米一般采用直播方式，于5月上旬播种，7月下旬至8月上旬收获。

二、大棚番茄栽培技术

（一）品种选择

根据市场需求和消费习惯，选择风味品质佳、外观商品性好、抗病抗逆性强的优良番茄品种，粉红果品种可选天禄一号、浙粉712、浙粉716等，大红果品种可选巴菲特、T147等。

（二）培育壮苗

采用穴盘+商品基质育苗，连作地采用嫁接育苗，根据品种特性，确定接穗与砧木的最佳播种时间，选用浙砧7号、爱好等砧木进行嫁接，培育优质秧苗。

（三）土壤处理

番茄栽培宜选择弱碱性至微酸性土壤；对连作障碍严重的土壤采取高温闷棚、药剂消毒、土壤修复等措施，可配合每亩撒施50～100千克生石灰等。

（四）增施有机肥

采用全层深施法，重施基肥，施肥后翻耕作畦；根据土壤肥力水平亩施商品有机肥800～1 000千克、45%三元复合肥（15-15-15）30～40千克、钙镁磷肥20～30千克、K_2SO_4 25千克、硼肥2～3千克。

（五）适时定植

双行种植，株距35～45厘米，亩栽1 800～2 000株；定植前先铺上地膜，定植后用土封严穴口，不可将嫁接口埋入土中，及时浇点根水。

（六）植株调整

加强温湿度管理，采用单干整枝，及时做好搭架、打杈、引蔓、绑蔓等工作；推荐熊蜂授粉，必要时应用对氯苯氧乙酸钠（防落素）点花保果，适时疏花疏果，留果不能贪多。进入冬季后合理适期闭棚通风，温度下降后采取多层覆盖保温，必要时增温补光，防止低温冻害。

（七）水肥运筹

结合灌水进行追肥，采用膜下滴灌施肥方式，少量多次，推荐使用水溶性肥。第1穗果坐住及时追肥，施高钾型肥（如10-5-35+Te），每15～20天施1次，施7～8次，每次5～7千克/亩。旺长田要控水控氮，增施含腐殖酸浓缩沼液肥，配施含钙、镁、硼等中微量元素的叶面肥，促花、壮花、促坐果，防止筋腐病、脐腐病等生理性病害发生，提高果实风味。采收前适当控制水分，保持土壤水分均衡、偏干状态，切忌忽干忽湿。

（八）病虫害综合防治

注意大棚通风降湿，应用黄板、防虫网、诱虫灯等物理防治技术，利用高效、低毒农药对症适期防治，严格把控农药安全间隔期。

（九）适时采收

根据运输距离、市场需求而及时采收，分级整理后上市。

三、玉米种植技术

（一）品种选择

选择甜玉米菜、鲜食兼用，市场销量大的品种。

（二）适时播种

玉米播前清除田间的杂草、落叶，一般采用直播，每亩种植2 000株。

（三）科学施肥管水

由于前茬番茄生产用肥量大，后茬肥力足，施肥要掌握减前稳中重后的原则，即不施用基肥，拔节肥视苗情长势施用，喇叭口期重施攻蒲肥，一般亩施复合肥15千克。在玉米的幼穗分化期、开花授粉期和灌浆期要注意做好防旱工作，以免缺水而导致产量和品质下降。

（四）及时防治病虫害

玉米病虫害主要有纹枯病、玉米螟、蚜虫等，要根据病虫情况及时防治，使用低毒、低残留、高效农药，授粉后严禁使用农药，以保证食用安全。

（五）适期收获

一般夏季开花后18～22天成熟，在乳熟期采收品质最好、产量最高。采收后尽快上市，采收至上市的时间不宜超过24小时，有冷藏条件的可延长供应时间。

【阅读链接】

稻药轮作　泽泻喜获丰收

春寒料峭，四川省自贡市贡井区莲花镇新桥村的水田里却是一片热火朝天的景象。一大早，村民们就已经在田地里开始采挖泽泻，一个个忙碌的身影、一片片翠绿的泽泻，交织成初春田野上一道亮丽的风景线。

泽泻是一味中药材，有利于促进机体的新陈代谢，可以缓解由慢性肾炎、心功能不全等原因引起的水肿，是医用价值较高的经济作物。

"我们种植的泽泻主要销往成都、彭州、南溪、乐山等地的中药市场。"新桥村党支部书记钟华英告诉记者，2023年8月底水稻收割后，基地立即种上了泽泻，总面积有150亩，现在泽泻迎来了丰收，预计能增收50万元。

2023年以来，为进一步破解非粮化、季节性撂荒难题，不让粮田"沉睡"，莲花镇新桥村抢抓秋种秋播时节，大力推进"水稻+泽泻"轮作模式，补齐"种植空窗"，提高土地利用效率，巧让"冬闲田"变"四季田"，促进群众增收。

"'稻药'轮作模式，可以均衡利用土壤中的营养元素，把用地和养地结合起来，改变农田生态条件，增加土壤生物多样性，既能充分利用土地资源，又可极大提高经济收益。"钟华英介绍，泽泻每年9月中旬种植，来年2月中旬便可以陆续收割，秋栽冬收，与水稻错时种植，形成"冬种药材、夏种水稻"的轮作模式，实现了土地利用的最大化。

泽泻的种植技术难度低，劳动强度小，村民务工的积极性高，泽泻产业的发展共带动新桥村100余人就业。"以前割了水稻就不知道做什么了，现在基地这边泽泻的种植、管理和采收都需要人，我有空就过来做做工，既不耽误照顾家里还能挣钱。"新桥村村民顾学琼乐呵呵地说。

"下一步，我们打算让村民以土地的方式入股，主动融入泽泻的种植、管理、采收全过程，拓宽他们的保底增收渠道。"钟华英表示，此外，村上还计划在全村推广"水稻+泽泻+小龙虾"轮作模式，让更多人享受"稻药轮作"的效益，为乡村振兴发展注入新活力。

第二节　玉米–花椰菜轮作技术

花椰菜是十字花科芸薹属甘蓝种的变种，商品和食用器官是由未分化的花序分生组织形成的花球构成，可分为松散型花椰菜（又名松花菜）和紧实型花椰菜两大类。花椰菜嫩脆甘甜、食味鲜美，是一种深受消费者喜爱的蔬菜。陕西省汉中市洋县谢村镇、马畅镇等区域的花椰菜种植比较集中，主要种植模式为"鲜食玉米–秋季花椰菜–越冬花椰菜"轮作。

一、茬口安排

（一）鲜食玉米

3月下旬至4月中旬种植鲜食玉米，于7月中下旬收获。

（二）秋季花椰菜

7月初花椰菜育苗、8月初栽植定植，于11月底收获。

（三）越冬花椰菜

10月底开始第2批次花菜育苗，12月中旬作畦移栽。菜苗移栽后畦面覆膜，保暖越冬需1个月左右的时间，于第2年2月初温度回升时破膜放苗，于4月下旬收获。

二、品种选择

（一）玉米品种

选择早熟、优质的鲜食玉米品种。

（二）花椰菜品种

选择抗病、丰产的品种，如松花100、津莹108等。

三、主要栽培技术

（一）鲜食玉米栽培技术

栽培管理同普通饲料玉米。

（二）花椰菜栽培技术

1. 播种育苗

采用穴盘育苗，用5%氟虫腈悬浮剂（锐劲特）等给种子消毒后播种，播种深度约0.5厘米，每穴播1~2粒种子，播后覆盖基质，浇透水并覆盖遮阳网保湿。苗龄25~30天移栽，移栽前1周开始炼苗。

2. 移栽定植

按照每亩500千克有机肥、50千克三元复合肥的标准施入后耙地作畦，选择株高15厘米左右、带有5~6片真叶的壮苗移栽，移栽株行距50厘米×60厘米。

3. 水肥管理

移栽15天后追肥2~3次，每次按15千克/亩施入尿素；在现蕾期追施复合肥25千克并结合农药喷施0.1%硼砂、0.2%磷酸二氢钾叶面肥等；中耕培土1~2次，花球形成期要及时浇水，但忌大水漫灌。

4. 病虫害防治

选用77%氢氧化铜（可杀得）可湿性粉剂600~800倍液、75%百菌清可湿性粉剂800~1 000倍液、敌磺钠（根腐灵）

等药剂预防花椰菜黑腐病、软腐病等病害；选用300克/升氯虫·噻虫嗪悬浮剂2 000 ~ 3 000倍液、5%阿维菌素可湿性粉剂1 000 ~ 1 500倍液等喷雾防治虫害，采收前15天停止用药。

5. 及时采收

待花球充分膨大、周边开始松散时即可采收。

第三节 大棚草莓-水稻轮作高效栽培技术

一、茬口安排

一般在上一年水稻收获后翻耕土地，大棚草莓栽培在9月上旬前定植，11月下旬至次年5月初采收，可以满足不同节日的市场需求。水稻在5月下旬育苗，6月上中旬移栽，10月中旬收割。

二、大棚草莓栽培要点

（一）品种选择

宜选择适合棚栽、高产、耐储运的早熟优质品种，当地主栽品种为红颜、宁玉等，以商品脱毒苗为佳。

（二）整地作畦

草莓喜光、喜肥、喜水、不耐涝，应选择光照充足、地面平坦、排灌方便、土壤疏松、保水保肥良好的砂壤土种植。为了满足旅游采摘的需求，种植地还应选择交通方便的地块。在6—8月对种植地进行清理，并闷棚处理土壤，将塑料薄膜覆盖在土壤上或直接将薄膜覆盖在棚架上，关闭棚门，密闭保持40～50天，利用太阳能及夏季高温有效杀死土壤中的病原菌、杂草种子等。高温闷棚后，亩施腐熟鸡粪1 500千克、菜饼100千克、复合肥30千克、过磷酸钙30千克；翻耕后做草莓定植垄，本地草莓栽培以标准8米钢管大棚为主，畦面宽50～60厘米，垄高35厘米，沟深约30厘米、宽30～40厘米。

（三）合理定植

定植时间以8月26日至9月10日为宜，并尽可能抢阴天定植。选择4叶1心的壮苗，带土定植，弓背朝向垄沟一侧，每垄2行，植株距垄沿10厘米，株距17～20厘米，小行距25厘米左右，亩用苗7 000～8 000株。定植深度要掌握"深不埋心，浅不露根"，提高草莓苗的成活率。定植后在垄中间铺直径3厘米的滴灌软管带。

（四）适时覆膜

定植后大棚顶上覆盖遮阳网，活棵后1周及时揭去遮阳网。10月中旬初见花蕾时，要及时铺黑色地膜，这样可以起到保持地温和控草的作用。在覆盖地膜时，使草莓苗透出地膜，可让垄上挂下的地膜交汇盖满垄间沟，以利清洁生产。

当白天气温降至17℃、夜温降至10℃以下时，及时覆盖大棚裙膜，膜高80厘米。一般10月中下旬以后，夜温降至5℃以下时盖大棚膜，以大幅度提高棚内温度。当气温低于0℃时，要加盖一层中棚，防止花、果遭受冻害，造成减产。

扣棚后要根据草莓生长对温度的要求，每天及时放风，保持良好的通风环境。现蕾后白天保持25～28℃，夜间7～8℃；开花期白天保持23～25℃，夜间不能低于5℃；果实膨大期和成熟期，棚内白天温度控制在20～23℃，夜间10℃左右；特冷天气温度降至−7℃以下时，搭小棚和盖小棚膜，必要时可在中棚内草莓垄上用铁、瓷盆生木炭火加温。

（五）肥水管理

草莓生长期长，产量高，需肥量大，应在施足基肥的基础上，采取少量勤追的施肥方法。在现蕾、初花期、果实膨大期及果实采收后分别追施肥料；一般年前20天追施1次，年后15天追施1次。肥料以速效氮、磷、钾肥配合，对生长弱苗可适当增施氮肥，结果过多苗增施钾肥。追肥一般结合灌水进行，让肥水通过滴管渗入土中，肥料的浓度控制在0.3%～0.4%，亩灌水量1 500～2 000千克。可根据具体情况，并用0.1%～0.2%磷酸二氢钾和多元素肥进行根外追肥。在水分管理上，植株成活前一般通过沟间漫灌来充分灌水；缓苗后要控水，保持土壤不干即可；开花后保持垄间略干，走路不沾脚。冬天棚间开好深沟以利排水、降渍；清明后需水量大，要及时滴灌补水。

（六）植株调整和放蜂授粉

9月下旬，缓苗后及时打掉多余的老叶、枯叶、病叶；10月中旬，结合覆盖黑地膜再除老叶1次；11月上中旬再除老叶、匍匐茎1次，以减少养分消耗。结果期、盛果期及时除去基部细弱侧芽、老叶、病叶和畸形果，每株留果20个左右。在第1批花蕾形成时即可在棚内放养蜜蜂，每座大棚放养1箱蜜蜂授粉。放蜂后大棚内应尽量不用杀菌剂等农药，如要用应及时将蜂箱搬出大棚外，待药害消失后方可放回棚内，以避免伤害蜜蜂。

（七）病虫害防治

草莓常见的病害是灰霉病、白粉病，常见虫害有红蜘蛛、蚜虫、斜纹夜蛾等。开花前后一般不用药；化学防治以"预防为主，综合防治"为原则，在病害发生初期选择对应的药剂和防治措施，达到安全生产的目的。灰霉病用50%腐霉利可湿性粉剂1 500倍液喷防，阴雨天改用烟熏剂；白粉病用50%醚菌酯水分散粒剂3 500倍液于发病中心及周围重点喷防，每7～10天喷1次，连喷2～3次；对于红蜘蛛，在草莓开花前喷5%噻螨酮乳油1 200倍液，开花后改用50克/升氟虫脲可分散液剂1 000～1 500倍液喷防，隔7～10天再喷1次；蚜虫用10%吡虫啉可湿性粉剂3 000倍液喷雾或灭蚜烟剂烟熏防治；夜蛾类少量发生时结合除老叶人工捕捉，或用15%茚虫威悬浮剂4 000倍液喷防；果实成熟期禁止喷药，以确保食用安全。

（八）及时采收

草莓果实宜八九成熟时采收，最好在下午5时后或清晨采果。注意轻采轻放，切忌挤压，以塑料小盒包装为好，便于销售。一般12月中下旬进入第1次采收小旺季；次年2月下旬后温度回升快，进入采收旺季。游客采摘要指导采摘方法，以免伤及花序其他部分。

三、水稻栽培技术要点

（一）品种选择

采取机械插秧的水稻品种宜选择高产、优质、抗病的优选武运粳23、南粳5055等。一般于5月下旬播种，每亩大田硬（软）盘用量25～28张。

（二）整地施肥

机插稻采用小苗移栽，大田耕整质量要求较高，一般要求大田耕深15～20厘米、田平、水浅、肥足、泥熟。由于前茬种植草莓用肥量大，水稻基肥一般每亩用25%复合肥25～30千克和尿素10千克。

（三）精确移栽

机插时要做到清水淀板，薄水浅插，插秧时水层深度1～2厘米，以秧根入泥0.5～1.0厘米为宜，做到秧苗不漂不倒。机插秧龄掌握在18～22天，株高15～18厘米，叶龄3.5叶左右。每亩插1.5万～1.7万穴，每亩有基本苗7万～8万株。

（四）科学管水

插秧时薄水移栽，建立1～2厘米水层即可；待长出第2片新叶后，建立浅水层，并维持到整个有效分蘖期。当群体总茎蘖数达到预期穗数的80%时开始自然断水搁田，并多次轻搁，控制无效分蘖发生。拔节后，采取间隙灌溉，既满足机插水稻生态生理需水，又有利于中期形成壮秆大穗，后期养根保叶。

（五）合理施肥

由于机插水稻大田分蘖发生节位低、分蘖期长，应改进分蘖肥施用时期，降低分蘖肥用量，增加穗肥施用量，促进颖花分化，攻取大穗。在分蘖肥的施用上，坚持分次施用，一般在栽后5天左右每亩施尿素5～6千克，栽后12天左右亩施尿素6～8千克。在穗肥施用上，根据叶色褪淡情况，酌情施用促花肥（倒4叶）和保花肥（倒2叶），用量一般为每亩施尿素7.5千克，叶色较深的可不施。

（六）病虫草害防治

在栽后5～7天，每亩用50%扑草净可湿性粉剂40克拌细土50千克均匀撒施，并保水3～5天，防除稻田杂草；在7月底至8月初，以防治稻纵卷叶螟、白背飞虱、纹枯病为主；在8月底抽穗前1周，以防治稻曲病、稻瘟病、稻纵卷叶螟、纹枯病为主。如在水稻破口期遭遇连续阴雨天，需要重视穗颈瘟的防治，一般要求防治2次以上。在9月中下旬，要密切注意稻飞虱的发生动态，及时抓好防治工作，确保水稻丰产丰收。

【阅读链接】

三亚创新农业轮作模式　让南繁良田
实现"钱粮双丰收"

夏耕时节，海南三亚崖州区（坝头）南繁公共试验基地生机盎然。过去的"闲田"，最近格外热闹。

基地里，几台大型农机穿梭其中，机器的轰鸣声中，农机手熟练地驾驶着旋耕机进行翻地、平地、深松等操作，一片片田地被推平、翻新。在无人机的配合下，绿肥作物的种子被均匀地撒在已翻耕好的田间。

"此次我们播撒的是海南本土豆科植物田菁的种子，它具有耐涝、生长迅速、富含有机质等特点。"海南大学三亚南繁研究院科研人员郑继成介绍，待其成长到适当时间后将田菁翻耕压碎埋于土壤中，就能成为绿肥，相当于为每亩土地增施1～2吨商品有机肥，可以有效提升土壤地力。

种子是农业的"芯片"，耕地是粮食生产的"命根子"。得天独厚的光热条件赋予三亚一年多熟的种植优势，然而，南繁季节过去后，一批科研人员北归，试验田就此撂荒，土地利用模式的单一使得南繁用地增产潜力难以发挥，单一的种植结构也对耕地质量造成威胁，一味用地而不"养地"，导致病虫害滋生，田地肥力下降。

对南繁育种专家而言，高质量的南繁耕地是选育好种子的基本保障。为了改善土壤肥力，三亚2022年开启稻菜轮作新模式，因地制宜推广"育种+水稻+绿肥""瓜菜+制种+绿肥""瓜菜+制种+绿肥（水稻）"等稻菜轮作模式，让长期耕作的农田"喘喘气"，有效解决南繁科研用地夏秋季闲置问题，通过进一步优化种植结构，增加土壤肥力，提高土地复种指数和产出，保障粮食产量。

与此同时，为实现粮食稳产、科研保障、农民增收三不误，三亚还探索实施"钱粮双丰收"工程，建立南繁科研用地分时托管、农村土地分时租赁的灵活用地模式，引导成立集粮食产销于一体的农业平台公司，统一在季节性闲置土地上种植优质水稻和绿肥，搭建多元共赢的利益联结桥梁，既完成粮食生产任务、提升土壤地力，还带来种植收益、农户利润分红、租金收益。

"村民在夏季种植水稻，通过耕地地力补贴、一次性种粮补贴等惠农补贴，再加上机械化生产，提高生产力，每亩可增产增收至少800元。"三亚市农业农村局相关负责人介绍，种植绿肥后，每亩可节约1 900元土壤肥力投入，老百姓也能"吃上南繁饭、打上南繁工、发上南繁财"。

目前，崖州区"育种+水稻+绿肥"轮作模式推广面积已达5 870余亩，"瓜菜+水稻+绿肥"轮作模式推广面积约25 000亩，综合效益预计同比增产4 003吨，增加产值1 500余万元。

三亚市相关负责人表示，三亚将依托南繁优势加快培育、就地推广具有突破性、创新性农作物新品种，通过制度集成创新推动土地资源集约化、规模化经营，同时充分发挥热带农业资源优势，用好支持粮食生产的各项政策，激发农民种粮积极性，实现农业高质量发展，让农民共享发展红利。

第四节 黄瓜-玉米-菠菜轮作技术

一、茬口安排

（1）黄瓜的播种期定为3月上旬，定植期在4月上旬，6月采摘。

（2）玉米的播种期为7月上旬，7月底定植，9月采摘。

（3）菠菜10月上旬播种，直接定植，元旦左右采摘。

二、黄瓜栽培技术

（一）品种选择

选择早熟、高抗、耐寒、综合性状好的津优系列品种。

（二）育苗

在大棚中完成育苗各环节，在配制营养土的过程中，采集100千克人粪尿，然后将17.5千克的普钙加入其中，再称取1 000千克土添加进去，用敌磺钠消毒苗床土2次，每次0.5

千克，用多菌灵0.5千克消毒4次，注意播匀，培育壮苗。出苗后假植于营养钵中待栽。

（三）施足基肥

黄瓜根系较弱，需要施足基肥、精细整地。所施用的底肥以有机肥为主，每亩施1 800千克腐熟的有机肥，并称取有机复合肥40千克以及40%三元复合肥50千克，分别混入腐熟的有机肥中进行耕翻入土作基肥。

（四）合理密植

对黄瓜地进行整地深翻，并采用双行单株栽种的方式，畦宽1.2米，株行30厘米，每亩栽种3 600株左右，当幼苗长出4片真叶时，需要在第一时间移栽。如果未及时移栽，易导致幼苗成为老化苗或者是徒长苗。在定植过程中，需要将其放于定植穴中，并用土埋实基部，使其生长。

（五）肥水管理

前期，黄瓜的生长速度相对较慢，所需水分以及肥料都不多，在完成定植后约7天，需要施提苗肥，次数为1次，所施肥料主要为氮肥，总共亩施尿素4千克。在苗期，雨量相对较大，所以土壤湿润，可以少浇水。在着果期，需要大量浇水，并配施三元复合肥，每间隔7天浇1次水，并亩施1次三元复合肥25千克，延长采收期，提高后期产量。

（六）植株调整

植株调整主要包括搭架、绑蔓等。当植株长到5～6片叶子时开始移栽，当长到8～9片叶子时，应及时引蔓、绑蔓上架，间隔3～4片叶子绑1次，完成绑蔓操作。所选黄瓜品种生长力强，只需留下需要的侧藤，然后剪摘除基部过多的侧藤，8节以下的侧藤应切断。

（七）病虫害防治

在栽培期间，黄瓜发生的主要病害有霜霉病、灰霉病、细菌角斑病、蔓枯病等，虫害主要有斑潜蝇、白粉虱、蚜虫等。防治方法主要为以下几点。

在霜霉病、灰霉病的防治过程中，可以使用75%的百菌清可湿性粉剂600倍液进行喷施防治；

防治蔓枯病可用30%的甲霜·噁霉灵水剂500～600倍液喷雾防治。

防治虫害可用物理方法：每亩用黄、蓝粘虫板20块，有效阻断害虫的传播；化学方法：化学药剂主要为10%氯氰菊酯乳油2 000倍液、20%啶虫脒可湿性粉剂800～1 000倍液等，每7天喷1次，连续喷3次。

三、玉米栽培技术

（一）品种选用

选择美玉品种，其抗病性高，且丰产、稳产、综合性好，每亩用种量0.9～1.2千克。

（二）适时播种

玉米于7月上旬播种，播种之后浇透水，全面覆盖地膜，当第2叶和第1叶大小相当时，可以开始移植，并且在移植之前喷洒尿素，其浓度为0.5%。

（三）整地施肥

选择土壤肥沃，且通透性良好，排灌条件好的田块。8月上旬进行整地，整地时将底肥施足，每亩撒施优质农家肥2 000千克，并且加入80千克的三元复合肥，其浓度为25%。整好地后可喷施5.7%氟氯氰菊酯乳油700倍液于土壤表面预防地下虫害。

（四）合理密植

采用宽窄种植的播种方式，定植前需要将地膜铺盖好，严格控制大行距与小行距，分别为80厘米、40厘米，将株距控制在25厘米，每亩种植3 200株，并且将底水浇足。

（五）病虫害防治

在病虫害防治上优先采用生物防治、农业防治，再配合化学防治。夏季温度高、空气湿度大，玉米易出现霜霉病、锈病、叶斑病等病害，可用霜霉威盐酸盐、25%三唑酮可湿性粉剂、百菌清、多菌灵等进行防治。在秧苗期主要预防地老虎和斜纹夜蛾，可用5.7%氟氯氰菊酯乳油700倍液、氯氰菊酯乳油等药剂喷雾。穗期可选用70%吡虫啉可湿性粉剂进行喷雾以防治蚜虫。心叶末期和大喇叭口期，可喷洒苏云金杆菌、白僵菌等生物制剂防治玉米螟幼虫。

四、菠菜栽培技术

（一）品种选用

选择抗霜霉病，抗抽薹性强，适应性广，生长快速、旺盛的绿袖品种，整地后直播。

（二）肥水管理

播种菠菜前进行深耕整地，每亩施优质有机肥2 500千克、硫酸钾30千克、磷酸二铵20千克及过磷酸钙20千克作底肥，在施足底肥基础上施用适量的微肥。菠菜需要较大水量，应适时浇水，时刻确保土壤湿润度，并根据不同生育期进行追肥，在菠菜盖满地后，每亩追施15千克尿素以促进其生长。

（三）病虫害防治

在菠菜生长过程中，病害主要有猝倒病、霜霉病、炭疽病，虫害主要有菜螟、潜叶蝇和蚜虫等。菠菜在苗期可用722克/升霜霉威盐酸盐水剂600倍液加68.75%噁酮·锰锌水分散粒剂1 000倍液喷雾防治猝倒病；霜霉病和炭疽病防治需注意开沟排水，霜霉病用75%百菌清可湿性粉剂600倍液进行喷雾防治，炭疽病用50%多菌灵悬浮剂可湿性粉剂700倍液喷雾防治。可用80%敌百虫可溶粉剂1 000倍液进行喷雾防治菜螟和潜叶蝇，用50%抗蚜威可湿性粉剂2 000倍液喷雾以防治蚜虫。采收前15天停止喷药。

第五节　盐碱地苜蓿–旱碱麦轮作技术

随着苜蓿种植年限的延长，土壤含水量呈较为明显的下降趋势；同时，苜蓿产量、再生速度、分枝数、粗蛋白含量、相对饲用价值整体上也随着年限的增长而呈下降趋势，而杂草、病虫等为害呈严重趋势。因此，苜蓿利用一定年限后需要进行轮作，以解决上述问题。该技术是在苜蓿生长利用5年左右后翻压轮种旱碱麦1年（旱碱麦–夏玉米），然后再种植苜蓿（图6-1）。

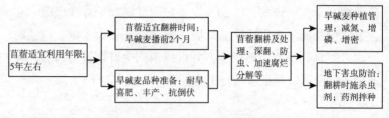

图6-1　苜蓿–旱碱麦轮作技术流程

一、苜蓿适宜利用年限的确定

随着苜蓿生长利用年限的延长，盐碱地苜蓿生产力呈现持续下降的趋势，产量高峰期主要集中在第2～5年，第6年后苜蓿产量开始明显下降。另外，随着苜蓿种植年限的延长，土壤含水率呈较为明显的下降趋势，第6年时土壤含水率降到最低，土壤干燥化现象比较严重。据实践研究，综合苜蓿地产量变化、土壤含水率变化和单位面积土地经济效益来看，盐碱地苜蓿适宜利用的年限为5年左右。

二、苜蓿适宜翻耕时间的确定

苜蓿根系发达，对土壤水分消耗量较大，5年以上苜蓿地耕层土壤干旱明显，秋季缺雨，气候干燥，蒸发量大，尤其是盐碱旱地，此时耕翻苜蓿后轮种旱碱麦，由于墒情不足，对获得全苗、壮苗和越冬均不利，最佳翻耕时间应在雨季。根据连续多年的研究，河北沧州盐碱旱地随着苜蓿翻耕时间的延迟，旱碱麦播前土壤含水量显著降低，旱碱麦出苗率和小麦籽粒产量显著下降。因此，为保障旱碱麦出苗和获得高产，并兼顾苜蓿收益，沧州盐碱旱地轮种旱碱麦的苜蓿翻耕时间以8月10日前为宜，即旱碱麦播前2个月左右。

三、苜蓿翻耕及处理技术

苜蓿地上部刈割完后，利用翻耕机械将地上部剩余植物体及根系一同深翻埋到土壤里，翻耕深度一般在30厘米以上。

苜蓿翻耕过程中每亩施用20～25千克药剂（75%辛硫磷原药以1：2 000的比例拌土），用于防治地下害虫。水浇地翻耕时采取先翻耕后灌水（每亩灌水量40～50米^3），再施入适量生石灰（每亩4～5千克）。旱地翻耕要注意保墒、深埋、严埋，使苜蓿残体全部被土覆盖紧实。

再生紫花苜蓿处理，旱碱麦播种前，一般在再生紫花苜蓿苗期喷施75%二氯吡啶酸可溶粉剂1 500～2 500倍液；同时结合旱碱麦播种整地进行旋耕。

四、旱碱麦种植管理技术

多年利用的苜蓿地土壤干旱比较明显，而且肥力较高，接茬轮种的旱碱麦宜选用耐盐碱、耐旱、喜肥、丰产稳产和抗倒伏的品种。为充分利用高肥力土壤条件提高单产，宜采用窄行增密播种技术，行距15厘米，亩播量20千克。

翻耕后的苜蓿地多属于高氮、低磷土壤，在这种肥力条件的耕地上种旱碱麦，容易秀而不实、贪青晚熟。根据研究示范，轮种的旱碱麦氮肥宜减施30%左右，磷肥增施40%左右。

五、地下害虫防治

苜蓿生长期长而繁茂，且多没有对地下害虫进行过农业和药剂防治，同时苜蓿根茬在腐烂过程中也容易滋生一些害虫，特别是蛴螬、蝼蛄显著比冬小麦-夏玉米轮作农田多，对旱碱麦和玉米为害较大，需加强地下害虫防治。一是在苜蓿翻耕过程中施入杀虫剂；二是旱碱麦播种时采用600克/升吡虫啉悬浮种衣剂进行拌种。

六、旱碱麦轮种时间

随着旱碱麦轮种时间的增长，耕层土壤返盐过程加剧，含盐量明显提高，同时土壤肥力明显下降，旱碱麦单产逐年下降，其中轮种第3年的旱碱麦单产较第1年下降40%以上。根据研究测算，苜蓿翻耕后轮种旱碱麦最佳为一茬，最多不超过两茬。

【阅读链接】

"盐碱地'麦草轮作'产量高，收了苜蓿我还种小麦"

"我们的第四茬苜蓿正值收获期，长势喜人，收成肯定也好。接下来，我们将种植冬小麦……"渤海新区黄骅市旧城镇纳茉农场负责人刘德成高兴地说。近年来，旧城镇纳茉农场坚持科学种植，采用苜蓿、小麦轮作的模式，走出了一条增产之路。

据了解，纳茉农场共有7 000多亩苜蓿种植田，为提高苜蓿产量，增加盐碱地综合开发利用效益，刘德成先后邀请多位农技专家前来考察，专家们提供了科学指导。经专家指导，刘德成通过采取苜蓿、旱碱麦轮作的方式，改良盐碱土壤，提高经济效益。"经过专家们的试验监测，苜蓿根部可以吸收固定氮，收获后地块的有机质远比玉米地块要高，更加适合小麦生长。因此，结合地力情况，每隔4～5年对所选地块进行苜蓿和冬小麦轮作，收获冬小麦后，再根据实际情况，种植玉米或苜蓿。"刘德成说。

2022年，刘德成在农场选取了2 000亩种植田，开始尝试苜蓿–旱碱麦轮作。"'麦草轮作'地块比常规'小麦玉米轮作'地块，每亩小麦增产50多千克。同时，经过轮作休息，来年苜蓿长势也很好，能实现苜蓿、小麦双丰收，收了苜蓿我还种小麦。"刘德成说。

2022年的成功，给了刘德成很大的信心，更给盐碱地综合开发利用提供了更有指导性的科学依据。"今年我们轮作的地块已经选择好了，今年种3 000亩。苜蓿具有很高的经济价值，根茎还田还具有肥田的作用，第四茬收获后与小麦'无缝衔接'，实现'一地双收'增加收入。"刘德成说。

"今后，我们将持续探索盐碱地的改良方法，采取更加科学的种植方式，增加作物产量，提高种植收益。"刘德成信心满满地说。

参考文献

郭春生，张平，2014. 农业技术综合培训教程[M]. 北京：中国农业科学技术出版社.

何永梅，杨雄，王迪轩，2020. 大豆优质高产问答[M]. 2版. 北京：化学工业出版社.

孔祥智，张怡铭，等，2022. 三农蓝图：乡村振兴战略[M]. 重庆：重庆大学出版社.

王金华，2018. 粮油作物栽培技术[M]. 成都：电子科技大学出版社.

附　录

附录1 农业部等十部委办局关于印发探索实行耕地轮作休耕制度试点方案的通知

各有关省级人民政府：

经党中央、国务院同意，现将《探索实行耕地轮作休耕制度试点方案》印发给你们，请结合实际，认真贯彻落实。

农业部　中央农办
发展改革委　财政部
国土资源部　环境保护部
水利部　食品药品监管总局
林业局　粮食局
2016年6月29日

探索实行耕地轮作休耕制度试点方案

在部分地区探索实行耕地轮作休耕制度试点，是党中央、国务院着眼于我国农业发展突出矛盾和国内外粮食市场供求变化作出的重大决策部署，既有利于耕地休养生息和农业可持续发展，又有利于平衡粮食供求矛盾、稳定农民收入、减轻财政压力。为有序推进试点，制定本方案。

一、总体要求

（一）指导思想

全面贯彻党的十八大和十八届三中、四中、五中全会精神，深入贯彻习近平总书记系列重要讲话精神，按照"五位一体"总体布局和"四个全面"战略布局，牢固树立并贯彻落实创新、协调、绿色、开放、共享的新发展理念，认真落实党中央、国务院决策部署，实施藏粮于地、藏粮于技战略，坚持生态优先、综合治理，轮作为主、休耕为辅，以保障国家粮食安全和不影响农民收入为前提，突出重点区域、加大政策扶持、强化科技支撑，加快构建耕地轮作休耕制度，促进生态环境改善和资源永续利用。

（二）基本原则

巩固提升产能，保障粮食安全。坚守耕地保护红线，提升耕地质量，确保谷物基本自给、口粮绝对安全。对休耕地采取保护性措施，禁止弃耕、严禁废耕，不能减少或破坏耕地、不能改变耕地性质、不能削弱农业综合生产能力，确保急用之时能够复耕，粮食能产得出、供得上。

加强政策引导，稳定农民收益。鼓励农民以市场为导向，调整优化种植结构，拓宽就业增收渠道。强化政策扶持，建立利益补偿机制，对承担轮作休耕任务农户的原有种植作物收益和土地管护投入给予必要补助，确保试点不影响农民收入。

突出问题导向，分区分类施策。以资源约束紧、生态保护压力大的地区为重点，防治结合、以防为主，因地制宜、突出重点，与地下水漏斗区、重金属污染区综合治理和生态退耕等相关规划衔接，统筹协调推进。

尊重农民意愿，稳妥有序实施。我国生态类型多样、地区差异大，耕地轮作休耕情况复杂，要充分尊重农民意愿，发挥其主观能动性，不搞强迫命令、不搞"一刀切"。鼓励以乡、村为单元，集中连片推进，确保有成效、可持续。

（三）主要目标

力争用3~5年时间，初步建立耕地轮作休耕组织方式和政策体系，集成推广种地养地和综合治理相结合的生产技术模式，探索形成轮作休耕与调节粮食等主要农产品供求余缺的互动关系。

在东北冷凉区、北方农牧交错区等地推广轮作500万亩（其中，内蒙古自治区100万亩、辽宁省50万亩、吉林省100万亩、黑龙江省250万亩）；在河北省黑龙港地下水漏斗区季节性休耕100万亩，在湖南省长株潭重金属污染区连年休耕10万亩，在西南石漠化区连年休耕4万亩（其中，贵州省2万亩、云南省2万亩），在西北生态严重退化地区（甘肃省）连年休耕2万亩。根据农业结构调整、国家财力和粮食供求状况，适时研究扩大试点规模。

二、试点区域和技术路径

（一）轮作

试点区域：重点在东北冷凉区、北方农牧交错区等地开展轮作试点。

技术路径：推广"一主四辅"种植模式。"一主"：实行玉米与大豆轮作，发挥大豆根瘤固氮养地作用，提高土壤肥力，增加优质食用大豆供给。"四辅"：实行玉米与马铃薯等薯类轮作，改变重迎茬，减轻土传病虫害，改善土壤物理和养分结构；实行籽粒玉米与青贮玉米、苜蓿、草木樨、黑麦草、饲用油菜等饲草作物轮作，以养带种、以种促养，满足草食畜牧业发展需要；实行玉米与谷子、高粱、燕麦、红小豆等耐旱耐瘠薄的杂粮杂豆轮作，减少灌溉用水，满足多元化消费需求；实行玉米与花生、向日葵、油用牡丹等油料作物轮作，增加食用植物油供给。

（二）休耕

重点在地下水漏斗区、重金属污染区和生态严重退化地区开展休耕试点。

1. 地下水漏斗区

试点区域：主要在严重干旱缺水的河北省黑龙港地下水漏斗区（沧州、衡水、邢台等地）。

技术路径：连续多年实施季节性休耕，实行"一季休耕、一季雨养"，将需抽水灌溉的冬小麦休耕，只种植雨热同季的春玉米、马铃薯和耐旱耐瘠薄的杂粮杂豆，减少地下水用量。

2. 重金属污染区

试点区域：主要在湖南省长株潭重金属超标的重度污染区。在调查评价的基础上，对可以确定污染责任主体的，由污染者履行修复治理义务，提供修复资金和休耕补助。对无法确定污染责任主体的，由地方政府组织开展污染治理修复，并纳入休耕试点范围。

技术路径：在建立防护隔离带、阻控污染源的同时，采取施用石灰、翻耕、种植绿肥等农艺措施，以及生物移除、土壤重金属钝化等措施，修复治理污染耕地。连续多年实施休耕，休耕期间，优先种植生物量高、吸收积累作用强的植物，不改变耕地性质。经检验达标前，严禁种植食用农产品。

3. 生态严重退化地区

试点区域：主要在西南石漠化区（贵州省、云南省）、西北生态严重退化地区（甘肃省）。

技术路径：调整种植结构，改种防风固沙、涵养水分、保护耕作层的植物，同时减少农事活动，促进生态环境改善。在西南石漠化区，选择25°以下坡耕地和瘠薄地的两季作物区，连续休耕3年。在西北生态严重退化地区，选择干旱缺水、土壤沙化、盐渍化严重的一季作物区，连续休耕3年。

三、补助标准和方式

（一）轮作补助标准

与不同作物的收益平衡点相衔接，互动调整，保证农民种植收益不降低。结合实施东北冷凉区、北方农牧交错区等地玉米结构调整，按照每年每亩150元的标准安排补助资金，支持开展轮作试点。

（二）休耕补助标准

与原有的种植收益相当，不影响农民收入。河北省黑龙港地下水漏斗区季节性休耕试点每年每亩补助500元，湖南省长株潭重金属污染区全年休耕试点每年每亩补助1 300元（含治理费用），所需资金从现有项目中统筹解决。贵州省和云南省两季作物区全年休耕试点每年每亩补助1 000元，甘肃省一季作物区全年休耕试点每年每亩补助800元。

（三）补助方式

中央财政将补助资金分配到省，由省里按照试点任务统筹安排，因地制宜采取直接发放现金或折粮实物补助的方式，落实到县乡，兑现到农户。允许试点地区在平均补助水平不变的前提下，根据试点目标和实际工作需要，建立对农户实施轮作休耕效果的评价标准和体系，以评价结果为重要依据实行保基本、重实效的补助发放制度。

四、保障措施

（一）加强组织领导

由农业部牵头，会同中央农办、发展改革委、财政部、国土资源部、环境保护部、水利部、食品药品监管总局、林业局、粮食局等部门和单位，建立耕地轮作休耕制度试点协调机制，加强协同配合，形成工作合力。试点省份要建立相应工作机制，落实责任，制定实施方案。试点县要成立由政府主要负责同志牵头的领导小组，明确实施单位，细化具体措施。

（二）落实试点任务

试点省份农业部门要会同有关部门利用第二次全国土地调查等成果，确定轮作休耕制度试点地块，报农业部备案，休耕地按要求落实到土地利用现状图上，不得与退耕还林还草地块重合。试点实施单位要根据本方案，与参加试点的农户签订轮作休耕协议，充分尊重和保护农户享有的土地承包经营权益，明确相关权利、责任和义务，保障试点工作依法依规、规范有序开展。

（三）强化指导服务

各有关部门要根据职责分工，对地下水漏斗区、重金属污染区和生态严重退化地区的治理修复进行指导，加强试点地区农田水利设施建设，提高耕地质量。农业部门要会同国土资源部门加强耕地质量调查监测能力建设，定期监测评价轮作休耕耕地质量情况，开展技术指导和服务，把轮作休耕各项措施落到实处。支持试点地区农民转移就业，拓展农业多种功能，推动农村一二三产业融合发展。

（四）加强督促检查

试点县要建立县统筹、乡监管、村落实的轮作休耕监督机制，建立档案、精准试点。试点任务要及时张榜公示，接受社会监督。农业部会同有关部门对耕地轮作休耕制度试点开展督促检查，重点检查任务和资金落实情况。利用遥感技术对试点情况进行监测，重点加强土地利用情况动态监测。对未落实轮作休耕任务的农户，要及时收回补助；对挤占、截留、挪用资金的，要依法依规进行处理。

（五）做好宣传引导

充分利用广播、电视、网络等媒体，宣传轮作休耕的重要意义和有关要求，引导社会各界关注支持试点工作。通过现场观摩、经验交流、典型示范等方式，宣传轮作休耕的积极成效，营造良好舆论氛围。

（六）总结试点经验

试点省份要对试点工作进展情况进行总结，于每年底形成年度报告，由省级人民政府向国务院报告，并抄送农业部。农业部会同有关部门建立第三方评估机制，委托中介机构对试点情况进行评估；认真总结做法和经验，每年向国务院报告工作进展情况，并适时提出构建耕地轮作休耕制度的政策建议。

附录2 农业农村部财政部关于做好2019年耕地轮作休耕制度试点工作的通知

（农农发〔2019〕2号）

河北、内蒙古、辽宁、吉林、黑龙江、江苏、安徽、江西、山东、河南、湖北、湖南、四川、贵州、云南、新疆、甘肃省、自治区农业农村（农牧）厅、财政厅：

今年中央1号文件提出，扩大耕地轮作休耕制度试点。按照中央的部署和要求，为切实抓好2019年耕地轮作休耕制度试点工作，推进政策落实、任务落实、责任落实，加快构建有中国特色的绿色种植制度，现将有关事项通知如下。

一、准确把握耕地轮作休耕制度试点的总体要求

开展耕地轮作休耕制度试点是中央作出的一项重大部署，是落实习近平生态文明思想和习近平总书记关于农业供给侧结构性改革指示精神的具体举措。各地要充分认识耕地轮作休耕制度试点的重要意义，把试点工作放在农村改革发展的重要位置，作为农业生态环境保护的重要任务，持续加力、常抓不懈。重点把握好以下原则。

（一）巩固提升产能，确保粮食安全

坚守耕地保护红线，提升耕地质量，坚持轮作为主、休耕为辅，确保谷物基本自给、口粮绝对安全。对休耕地采取保护性措施，禁止弃耕，严禁废耕，不能减少或破坏耕地，不能改变耕地性质，不能削弱农业综合生产能力，确保急用之时能够复耕，粮食能够产得出、供得上。

（二）完善政策支持，鼓励各方参与

以不影响农民收入为前提，建立健全耕地轮作休耕政策框架，支持农民开展轮作休耕，中央财政对承担轮作休耕任务农户的原有种植收益和土地管护投入给予必要补助。鼓励地方因地制宜，自主开展轮作休耕。

（三）坚持问题导向，集中连片推进

以资源约束紧、生态保护压力大的地区为重点，与地下水超采区、重金属污染区综合治理和生态退耕等相关规划衔接，统筹协调推进。鼓励集中连片实施，有条件的地方以县、乡（镇）或行政村为单位整建制推进。鼓励种植大户、农民合作社等新型农业经营主体参与，发挥示范带动作用。

（四）尊重农民意愿，稳妥有序实施

我国生态类型多样、地区差异大，耕地轮作休耕情况复杂，要以农民为主体，充分尊重农民意愿，发挥其主观能动性，不搞强迫命令，不搞"一刀切"。

（五）实行精准管理，提升试点水平

对耕地轮作休耕制度试点区域继续实行耕地质量监测，跟踪耕地地力变化。探索运用卫星遥感技术，对耕地轮作休耕制度试点面积落实进行辅助监测。强化监督管理，压实地方各级政府和相关部门责任，提升试点的管理水平。

二、试点任务、技术路径及补助方式

（一）试点任务

2019年，实施耕地轮作休耕制度试点面积3 000万亩。其

中，轮作试点面积2 500万亩，主要在东北冷凉区、北方农牧交错区、黄淮海地区和长江流域的大豆、花生、油菜产区实施；休耕试点面积500万亩，主要在地下水超采区、重金属污染区、西南石漠化区、西北生态严重退化地区实施。具体任务安排详见附件。

（二）轮作区技术路径

1. 东北冷凉区和北方农牧交错区

在内蒙古、辽宁、吉林、黑龙江推广"一主多辅"种植模式，以玉米与大豆轮作为主，与杂粮杂豆、薯类、饲草、油料等作物轮作为辅，形成合理的轮作模式，基本改变以玉米为主的连作、重迎茬状况。

2. 黄淮海地区

在安徽、山东、河南及江苏北部推行玉米改种大豆为主，兼顾花生、油菜等油料作物，增加市场紧缺的大豆、油料供给。在河北推行马铃薯与胡麻、杂粮杂豆等作物轮作，改善土壤理化性状，减轻连作障碍。

3. 长江流域

在江苏、江西小麦稻谷低质低效区实行稻油、稻菜、稻肥等轮作，改良土壤，提高地力，减少无效供给，增加有效供给。在湖北、湖南、四川大力开发冬闲田扩种油菜（湖南轮作不能在长株潭重金属重度污染区实施），同时在四川推广玉米大豆轮作或间套作，努力增加油菜和大豆供给。

（三）休耕区技术路径

1. 河北地下水漏斗区

连续多年实施季节性休耕，实行"一季休耕、一季种植"，将需抽水灌溉的冬小麦休耕，只种植雨热同季的玉米、油料、棉花和耐旱耐瘠薄的杂粮杂豆等，减少地下水用量。休耕期间鼓励种植绿肥，减少地表裸露，培肥地力。

2. 黑龙江寒地井灌稻地下水超采区

重点在黑龙江三江平原地下水明显下降的井灌稻区开展休耕试点。休耕期间深耕深松、鼓励种植苜蓿或油菜等肥田养地作物，提升耕地质量，力争地下水下降势头得到有效遏制，粳稻过剩状况得到改善。

3. 新疆塔里木河流域地下水超采区

重点在严重缺水、盐渍化严重的南疆塔里木河流域实施，将耗水量大、靠抽取地下水灌溉的冬小麦休耕，减少农事活动，减少地下水抽取，力争地下水超采势头得到有效遏制，满足胡杨林正常生长发育的需求。

4. 湖南重金属污染区

重点在长株潭重金属污染区实施，在建立防护隔离带、阻控污染源的同时，采取"休、治、培"综合治理模式，通过施用石灰、翻耕、种植绿肥等农艺措施，以及生物移除、土壤重金属钝化等措施，修复治理污染耕地。优先种植生物量高、吸收积累作用强的植物，不得改变耕地性质。

5. 西南西北生态严重退化地区

重点在贵州、云南、甘肃坡度15°以上、25°以下的生态严重退化地区实施，调整种植结构，改种防风固沙、涵养水分、保护耕作层的植物，同时减少农事活动，促进生态环境改善。

（四）补助方式

中央财政对耕地轮作休耕制度试点给予适当补助。在确保试点面积落实的情况下，试点省可根据实际细化具体补助标

准。在操作方式上，可以补现金，可以补实物，也可以购买社会化服务，提高试点的可操作性和实效性。河北、湖南省休耕试点所需资金结合中央财政地下水超采区综合治理和重金属污染耕地综合治理补助资金统筹安排。

三、有关工作要求

（一）加强组织领导

完善中央统筹、省负总责、县抓落实的工作机制。试点省份要成立由政府分管负责同志或农业农村部门主要负责同志任组长的协调指导组，加强统筹，强化措施，落实责任。省级农业农村、财政部门要加强协同配合，明确责任分工，形成工作合力。试点县要成立由政府主要负责同志任组长的推进落实机构，全面落实试点任务和要求，保障试点工作有序开展、取得实效。

（二）细化实化任务

各试点省份要按照通知要求，尽快制定本省（区）实施方案，明确实施内容、试点区域、技术路径、操作方式、保障措施等内容。省、县、乡及试点农户要层层落实责任。试点省份与试点县（市）签订责任书，明确任务、明确责任、切实抓好落实。试点县（市）与试点乡（镇）签订责任书，细化任务、细化要求。试点乡（镇）与参加试点的农户或新型农业经营主体签订轮作休耕协议，充分尊重和保护农户享有的土地承包经营权益，明确相关权利、责任和义务，保障试点工作依法依规、规范有序开展。协议文本存档备查。

（三）强化指导服务

组织专家制定完善分区域、分作物耕地轮作休耕技术意见，开展技术培训，指导试点地区农民尽快掌握技术要领，搞好机具改装配套，落实替代作物种子，满足轮作休耕需要。相关部门根据职责分工，对耕地轮作的作物调整，以及地下水超采区、重金属污染区和生态严重退化地区的治理修复进行指导，做到科学轮作、合理休耕。

（四）加强督促检查

农业农村部、财政部会同有关部门对耕地轮作休耕制度试点开展监督和指导。试点省和试点县要适时开展工作督导，推动资金落实、技术落实和指导服务落实。继续探索运用卫星遥感技术，对耕地轮作休耕制度试点面积落实情况进行辅助监测，试点省要组织好四至信息填报工作。继续实行耕地轮作休耕制度试点区域耕地质量监测评价，掌握耕地质量变化情况。

（五）搞好总结宣传

各试点省份要对年度试点工作进行总结，于11月底前形成年度总结报告，由省级人民政府向国务院报告，并抄送农业农村部、财政部。充分利用广播、电视、网络等媒体，宣传轮作休耕的重要意义和有关要求，引导社会各界关注支持试点工作。通过现场观摩、经验交流、典型示范等方式，宣传轮作休耕的积极成效，营造良好舆论氛围。

附件：2019年耕地轮作休耕制度试点任务安排。

农业农村　部财政部

2019年3月26日

附　件

2019年耕地轮作休耕制度试点任务安排

单位：万亩

类型	省份	试点面积
轮作	河北	20
	内蒙古	500
	辽宁	50
	吉林	150
	黑龙江（含农垦）	1 100
	江苏	25
	安徽	50
	江西	25
	山东	50
	河南	50
	湖北	140
	湖南	140
	四川	200
	小计	2 500
休耕	河北	200
	黑龙江（含农垦）	200
	湖南	20
	贵州	18
	云南	18
	甘肃	28
	新疆	16
	小计	500
合计		3 000

附录3　耕地轮作休耕制度试点取得阶段性成效

耕地轮作休耕制度试点是党中央、国务院着眼于生态文明建设提出的一项重大改革任务。2016年以来，农业农村部会同财政部等有关部门，认真贯彻党中央、国务院的决策部署，扎实推进耕地轮作休耕制度试点工作，在农业生产制度创新上先行先试，集成示范综合配套的技术体系，探索构建绿色种植方式、农产品供给动态调节机制、农业生态治理模式，形成了较完善的政策框架和工作机制，耕地轮作休耕制度试点取得了阶段性成效。从试点规模看，试点面积由616万亩扩大到3 000多万亩，试点省份由9个增加到17个；从实施范围看，在东北冷凉区、北方农牧交错区、河北地下水漏斗区、湖南重金属污染区、西南西北生态严重退化地区5个试点区域的基础上，逐步增加了黑龙江寒地井灌稻区、长江流域稻谷小麦低质低效区、黄淮海玉米大豆轮作区、新疆塔里木河流域地下水超采区等区域。经过4年多的持续推进，为轮作休耕常态化、制度化实施奠定了坚实基础。

一、构建绿色耕作制度

轮作休耕是增产导向转为提质导向的种植方式变革，践行了绿色发展理念，升级了传统耕作制度。各试点省立足资源禀赋，将各具特色、务实管用的绿色种植方式，组装集成为符合当地实际的轮作休耕模式。形成耕地用养结合的种植制度。

实行玉米与大豆轮作，改善土壤理化性状，提高耕地地力水平，实现用地养地相结合。黑龙江在轮作试点中形成较为成熟的"三三制""二二制"种植模式，以玉米与大豆轮作为主，与杂粮、薯类等轮作为辅的"一主多辅"模式已为广大农民所接受。河北推行冬休春（夏）种模式，将需抽取地下水灌溉的冬小麦休耕，春夏种植雨热同季的玉米、杂粮、杂豆等作物，既减少地下水开采，又优化了农业供给结构。采用资源高效利用的技术措施。吉林敦化、抚松等试点县推广轮作免耕技术，进一步减少作业环节，降低燃油、化肥等生产成本。湖南采取"春季深翻耕＋淹水管理+秋冬季旋耕+绿肥"的技术路线，4年来休耕区耕地质量平均提高0.8个等级，土壤微生物群系开始恢复。实现农业投入品减量。轮作休耕中科学安排作物茬口，改善了试点区域土壤结构，降低了病虫草害发生概率，减少了农药、化肥等投入品的施用次数、施用量。江苏省在稻麦两熟种植地区实行小麦一季休耕，每年每亩平均可减施纯氮15千克、磷钾肥10千克、农药200克；再替代种植紫云英、苕子等绿肥作物进行压青还田，后茬水稻在同样单产水平下，可减少施用氮肥3～5千克和磷钾肥2～3千克，减少20%～40%，病虫为害率降低10%～15%。

二、探索动态调节机制

轮作休耕试点统筹当前与长远、兼顾数量与质量，在作物品种确定和任务布局安排上实现了科学动态调整。轮作目标作物选择与市场供需关系有效衔接。充分考虑主要农产品均衡供应、库存现状、结构调整等因素，合理确定轮作改种作物和休耕的重点品种，实现"多的减下来、缺的补上来、优的增起来"。针对国内大豆及油料作物缺口较大的情况，重点在东北、黄淮海地区开展玉米与大豆及油料作物轮作，近年来带动大豆面积增加3 000多万亩、花生面积增加300多万亩。区域布局更加合理。黑龙江、内蒙古东部立足资源禀赋、坚持适区种植，主动调减第四、第五积温带品质较差的籽粒玉米，发展高蛋白食用大豆、优质强筋小麦、特色杂粮等，改变了玉米"一粮独大"局面，作物类型更加丰富。任务布局体现"问题导向、结果导向"。聚焦水消耗、土污染、地退化等问题区域，根据轻重缓急确定轮耕休耕区域的优先序，在河北地下水漏斗区、黑龙江寒地井灌稻地下水超采区、新疆塔里木河流域地下水超采区，实施小麦、水稻休耕，减少地下水开采。在湖南重金属污染区、甘肃和云南生态严重退化地区，实行季节性或全年性休耕，休耕季种植绿肥等作物，减少农事活动，在防风固沙、涵养水分、保护耕作层等方面起到了积极作用。

三、创新农业治理方式

轮作休耕是顺应自然、接近天然的保护性生产方式，在农业生态治理中发挥了重要作用，形成了一系列成熟有效的模式。在生态修复方面，湖南集成推广"生物移除"重金属模式，选择富集能力强的高粱、蚕桑等作物，移除土壤中的重金属。专家选育推广镉吸附能力强的生物质高粱，经过连年种植可有效降低试点地块土壤重金属含量。在培肥地力方面，江苏在沿江丘陵岗坡地、沿海土壤盐渍化严重地区，推广稻肥、稻油轮作模式，保护改善地力，提升耕地质量等级。通过连续3年实施，试点区域耕地土壤有机质含量平均提高1%左右。在促进耕地休养生息方面，内蒙古轮作试点农户普遍认识到，

"轮作倒茬如上粪，省肥省水长势好"。新疆在果麦套种区休耕小麦，探索创新了以果树漫灌改沟灌为主的栽培模式，灌水量减少近40%，降低了生产成本。

四、促进了农业高质量发展

通过实施轮作休耕，实行用地养地相结合，提升了农业发展质量和综合效益。经济效益方面，东北地区实行轮作后，农产品产地环境得到改善，提升了稻米等农产品市场竞争力。黑龙江参与轮作休耕试点的区域，主打绿色牌、有机牌，做大做强"庆安""五常""佳木斯"等稻米品牌，提升了品牌效益和农民收益。四川省完善油菜产加销运营机制，探索应用"大园区+公司+农户""龙头企业+基地+农民"等新模式，将科研、生产、加工、销售有机串联，有力支撑了油菜市场价格和种植收益稳定。多年来，四川省油菜籽价格稳定在每千克1.25元以上，远高于周边其他油菜主产区。社会效益方面，内蒙古阿荣旗探索"轮作+扶贫农场"模式，将试点内贫困户的耕地纳入轮作试点，由扶贫农场统一经营，贫困户人均收入从2200元增加到3700多元，增幅达68%，为脱贫做出贡献。江苏、江西、贵州、甘肃将轮作休耕与有机农业生产、生态旅游观光结合，带动地方特色产业发展。

下一步，农业农村部将继续推进耕地轮作休耕制度试点并进行适当调整，以保障国家粮食安全为前提，坚持轮作为主，休耕为辅，重点推广粮油、粮豆、粮肥轮作。在实施区域上，聚焦资源约束紧、生态保护压力大的地区，重点解决水消耗、土污染、地退化、供求失衡等问题，根据问题的轻重缓急确定实施区域的优先序。在作物品种上，以调节粮食供求余缺、保障粮食等主要农产品均衡供应为目标，充分考虑市场供给、库存现状、结构调整等因素，合理确定轮作模式和休耕的重点品种。在工作机制上，进一步完善政策框架，熟化技术模式，加快构建有中国特色的绿色种植制度、农产品供给动态调节机制、农业生态治理模式，推进轮作休耕制度化常态化实施，促进农业可持续发展和资源永续利用。

农业农村部种植业管理司